U0308346

钱小弟和钱小妹

生活中的经济

[韩] 金祥源 著 [韩] 李宇逸 绘 杨俊康 译

河北科学技术出版社
·石家庄·

어린이 경제 1(KID'S ECONOMICS 1)
Text by 김상원 (Kim Sangwon 金祥源), Illustrated by 이우일 (Lee wooil, 李宇逸)
Copyright © 2015 by BLUEBIRD PUBLISHING CO.
All rights reserved.
Simplified Chinese Copyright © 2023 by KIDSFUN INTERNATIONAL CO., LTD
Simplified Chinese language is arranged with BLUEBIRD PUBLISHING CO. through Eric
Yang Agency
版权登记号：03-2022-031

图书在版编目（ＣＩＰ）数据

钱小弟和钱小妹．生活中的经济／（韩）金祥源著；
（韩）李宇逸绘；杨俊康译． -- 石家庄：河北科学技术
出版社，2023.9
书名原文：KID'S ECONOMICS 1
ISBN 978-7-5717-1700-1

Ⅰ．①钱… Ⅱ．①金… ②李… ③杨… Ⅲ．①财务管
理一儿童读物 Ⅳ．① TS976.15-49

中国国家版本馆 CIP 数据核字 (2023) 第 151979 号

钱小弟和钱小妹
QIANXIAODI HE QIANXIAOMEI

[韩]金祥源 著　[韩]李宇逸 绘　杨俊康 译

选题策划：小萌童书/瓜豆星球	印　　刷：河北尚唐印刷包装有限公司
责任编辑：李　虎	经　　销：全国新华书店
责任校对：徐艳硕	开　　本：889mm×1194mm　1/32
美术编辑：张　帆	印　　张：8.5
装帧设计：罗家洋	字　　数：140千字
出　　版：河北科学技术出版社	版　　次：2023年9月第1版
地　　址：石家庄市友谊北大街330号	印　　次：2023年9月第1次印刷
（邮编：050061）	定　　价：72.00元（全二册）

作者的话

同学们！我们经常会听到身边的人在聊天时提到"经济"这个词。而且我们也常常在媒体上看到或听到诸如"发展某某经济""振兴某地经济"的新闻。

也许对于我们小学生来说，"经济"会有一点难懂，有一点晦涩。但就算是大人们，他们之中也有不少人，一听到"经济"就会眉头紧锁，脑袋嗡嗡作响。虽然如此，我们却不能远离"经济"。因为，"经济"与我们密不可分，它是我们生活的重要组成部分。

人们制造各种生活所需的物品，并将它们转化为商品进行买卖。所有这些活动，我们统称为"经济"。包括大家去购买必需的学习用品、去吃各种美食，又或者是去挑选礼物送给朋友，这些都属于我们所说的"经济活动"。这有点类似于我们呼吸空气，虽然自己并没有意识到，但实际上我们已经在不自觉的情况下进行着这项行为。

那么，我们应该如何过好经济生活呢？打个比方，如果我们呼吸了被污染的空气，身体就会不舒服，甚至会生病。同样，如果经济得不到健康的发展，不仅个人生活受到影响，甚至整个国家都可能会因此患上严重的疾病。20世纪90年代，韩国经济就曾陷入过重症状态之中，需要接受国际货币基金组织（IMF）的援助。虽然此后经过大家齐心协力、共同救治，韩国的经济情况已经有了很大好转，但是我们不能因此掉以轻心。

我们要认识到，经济危机不知道什么时候就会再度来袭。所以要时刻留心，保持正确的心态，努力过好经济生活。

在这本书里，钱小妹和钱小弟这对小姐弟会告诉我们一大堆关于经济的生动有趣的故事。他们还给大家提出建议，并帮助大家进入到理想的经济生活之中。通过生活中各种各样的事情，我们可以学到很多必备的经济原理和知识。在每一章的最后，我们重新整理了原文里出现过的概念，并且将一些原文中没有覆盖到的经济知识和实践方法告诉大家。

经济学的细分领域纷繁复杂，但这本书并没有试图把所有的经济学知识都包含在内。相反，我们立足于经济学的基本概念和原理，挑选了一些有助于树立正确经济观念的故事。因为，知识在任何时候都可以慢慢地积累起来，但是我们的品格如果不在小时候抓好，长大之后就很难再改变了。我们在这个世界上共同生活，需要让更多的人可以活得更有意义、更幸福。因此，我们应该高质量地组织开展经济生活。希望大家通过这本书，能够更加关心经济，为社会经济的健康发展贡献一份力量，有朝一日成为国家的栋梁之才。

金祥源

人物介绍

钱小妹

小学五年级女生，钱小弟的姐姐，热心善良，做事干脆利落，但时不时会表现出虚荣和懵懂的一面。

钱小弟

小学三年级男生，钱小妹的弟弟，虽然平时马马虎虎，有些迷糊，但是一旦确立了目标，就会展现出认认真真、满怀热诚的一面。

爸爸妈妈

钱小妹和钱小弟姐弟的父母。为了给孩子们灌输正确的经济观念，他们不厌其烦、耐心地讲解各种经济知识。

钱串子

在钱家村故事中，他是第一个使用钱的人。传奇人物。在生财之道上有鬼使神差的技能。

村中的长者

把货币的概念告诉钱串子。传奇人物。

一元大叔

每天都像上班一样出现在钱小弟和朋友们玩耍的游乐场。吊儿郎当，有点像二流子，也是小朋友们最想躲开的一号人物。然而，有一天他对钱小弟诉说了自己的梦想。

花大俭

花家庄故事中的花德渊和花德豪两兄弟的父亲。为了让两个儿子养成良好的消费习惯，特意设了个局来考验他们。

花德渊、花德豪

他们是花大俭的儿子，虽然是双胞胎兄弟，但长相不同，口味不同，消费习惯也完全不同。

目录

第一章

钱是怎么
产生的？

世界上有不可或缺的好朋友，也有招致祸端的坏朋友。

而我呢，人们会因为缺少我而挨饿，也会因为拥有我而富足。

我既让人们爱，也招人们恨。

我到底是什么呢？

我有什么能耐，居然可以对人们的生活造成这么大的影响？

钱家村的传说

　　从前，在一个叫钱家村的地方，住着一个叫钱串子的人。钱串子是一个非常富有的人。村里的很多土地和财产几乎都是他的。钱串子像是生来就为了赚钱一样。所以第一个提出在钱家村使用钱这个东西的人，也正是钱串子。

　　我们说的是钱串子年轻时候的故事。那时村子的名字还没改，叫"希望村"。希望村时不时会举行大小集市。人们在集市中交换他们需要的东西。因为当时还没有出现钱，人们需要拿着自己的东西去换别人的物品。

有把鞋子拿来换碗的，有把大米拿来换菜的，有用镰刀和锄头换衣服的，集市上挤满了人，大家都等着把自己手里有的东西换给别人。

在集市出现之前，无论你需要什么东西，都得自己做。一个铁匠，如果不想光着身子出门，就得自己做衣服穿。

在一个炎热的夏日里，钱串子的母亲拿出一袋米，对钱串子说："去集市换一头猪回来。这次你父亲过生日，我要送给他一头猪。"

当时想要一头猪，得用一袋米来换。于是，钱串子就背上沉重的大米，踏上了赶集之路。

从钱串子的家到集市要翻过一座小山。钱串子刚走到山脚，就已经气喘吁吁，感到眼发黑："妈妈也真是的！这么热的天让人背着米翻山越岭！唉，我都快要晕倒了。"但是，去集市没有别的路可以走。没办法，钱串子只好硬着头皮上山，吭哧吭哧，好不容易才翻过了山。他终于来到了集市。

钱串子在集市上走来走去，这时他幸运地遇到了一个牵着猪出来的人。

哒哒哒

吵吵嚷嚷

钱串子径直走到他跟前："我们来交换，用这一袋米换一头猪吧。"

可是那个人摇了摇头："我不需要大米。我女儿很快就要出嫁了，我需要一些丝绸。这头猪是拉出来换丝绸的。你如果想要猪，就得拿丝绸来换。"

钱串子又背着沉重的大米去找丝绸。

在以物易物的时代，人们就只能这样，如果不是彼此想要的东西，就不能进行交换。

所以，大家要想换到所需的东西非常不容易。既耗费力气，又耗费时间，实在是苦不堪言。

钱串子在整个集市上跑来跑去，最后终于用一袋大米换来了丝绸，然后又用换来的丝绸换了一头猪。钱串子一大早就背着大米出门，到了晚上才终于牵到一头猪回家。第二天，钱串子找到了村里最年长、最有智慧的长者，讲述了昨天发生的事情。

"老人家，我为了换来一头猪，就得先背着一袋米翻山越岭，我觉得这事情真是太愚蠢了。一头牛要给十袋米才能换，如果我要换牛的话，就必须把十袋米扛到集市上。如果牛老板想要大米，那还好说；要是他想要的是别的东西，那我还得在整个集市奔波换到他想要的东西。问题是我们不会总有这么好的运气，常常忙活一天什么都没换到！我们必须得想想别的办法！"

"嗯……你这么一说，还真让我想起一个很久以前听到过的故事。据说很久很久以前有个村子，那里的人们为了避免以物换物造成的麻烦而使用过贝壳……"

"使用贝壳？"

瞬间，钱串子的眼睛变得闪闪发光。钱串子认真听完贝壳的故事，就回家了。

"贝壳啊……贝壳……"

从那天起，钱串子开始日思夜想，不断地琢磨着一些东西。他时不时拿个石块劈开来看看，在铁匠铺里探头探脑，捡起个铁块来左右掂量。

过了五六天，在一个早晨，钱串子走出家门把村子里的人们都招集了起来。

"各位！一直以来，我们为了换来想要的东西，吃了多少苦头？前一段时间，我为了换一头猪，背着一大袋米去集市。各位也请想一想，去集市换东西，身上要带上又大又重的东西，那有多辛苦啊？还有，想要遇到一个正好拥有自己想要的东西的人该有多难？"

村民们想起自己在集市上遭遇到过的种种难堪和失败，纷纷点头。

钱串子继续说道："听说在很久以前的某个村子里，人们曾经使用贝壳来交换物品，以此解决了以物易物不方便的问题。人们用贝壳的数量来衡量物品的价值，这样做能使物品交换的过程变得简单。举个例子，想换一头猪或一袋米要有 10 个贝壳，换一头牛要有 100 个贝壳，人们以这种方式来体现物品的价值。然后根据这个价格，给对方相应数量的贝壳，这样相互之间就可以用贝壳买卖东西了。像我这样要换一头猪的人，就不用背一袋米到处走，只需带着贝壳来就可以了。

"我只需要拿 10 个贝壳，就可以买上一头猪。猪

哼，这能信得过？

就是！听起来不太靠谱！

那是马呀？还是牛呀？

主人再拿着从我这里得到的贝壳去找丝绸主人，就可以买相当于10个贝壳的丝绸。换句话说，贝壳被用作交换物品的中间工具。"

钱串子详细地解释了几遍，一开始听得迷迷糊糊的人现在也开始慢慢理解，点头称是。"贝壳是可以当作交换物品的便利工具，但它有几个缺点。首先它很容易破裂或损坏；其次如果你来到海滩，你可以想要多少就能找到多少，也许有人就会在一夜之间把所有海滩上的贝壳都抢走。也就是说，贝壳很容易被人恶意使用。于是，我花了几天时间，想出了一个替代贝壳的办法。就是这个。"

钱串子掏出的是一小片金属。

"这是金属，但又不是普通的金属。它是由打铁铺定制的有特殊形状的特殊金属。如果用它来代替贝壳，我们不用担心它会破裂，而且很容易携带和保存。现在我们要做的，就是相互承诺以后交换东西时，用这些金属片！"

钱串子走村串户，向大家提议用他的金属片。许多村庄也接受了钱串子的建议，他们共同选择了一家打铁铺，专门只在那里制造这些特殊的金属片。大家在造币管理上也下了特别大的功夫，采取一些措施防止其他铁铺抄袭或伪造这种金属片。

现在，希望村的人们在买卖商品时，都按照约定使用金属片。虽然刚开始人们觉得有些不放心和不习惯，但随着时间的推移，大家就慢慢认可和习惯了。买卖东西的人再也不用扛着货物到处走动，同时买东西变得轻松容易。因此，人们之间的交易变得更加频繁，市场也变得更加活跃。

另外，人们也开始用金属片来支付劳动报酬。人们为了得到更多的金属片而努力工作。钱串子的金属片使人们的生活更加方便，同时也让人们变得更加勤劳了。

希望村成为更加宜居的村庄。

不知过了多久，人们开始把这种用来交易的金属片称为"钱"。我们不能确切地知道是谁、在什么时候提出"钱"这个名称的。只是有一种说法，说因为这钱要经过很多人的手来传递，财产不断"迁"移来"迁"移去，所以取了谐音叫"钱"。

希望村的面貌发生了很大的变化。以前以草房为主的村子，现在满是瓦房。不仅是村子的外表不同了，人们的习惯和性情也有了很大的转变。

以前的希望村是一个很穷的村子，肉也不知道一年能不能吃上一两回。但是遇上谁家干活儿人手不够，大家总会主动过来帮忙；要是谁家粮食吃没了，大家也经常不分彼此地一起分享。村子里的人都习惯为别人着想，邻里间总是亲亲热热地生活着。即使在相当贫困的情况下，村民们每年还是会聚在一起举行一次宴会，互相加油鼓劲。自从村子建起来，这里就从来没发生过伤害或偷窃别人的事情。

可是现在，这种良好的风气已经没有了。村民间守望相助的习惯也消失很久了。有人说村民们变得越来越自私，全都是因为钱。人们心里只装着这样的想法：怎样才能拥有更多的钱？

"我最喜欢钱了。"

"有钱才能活得像个人。"

"爱情啊？ 我用钱来买就行。要花多少钱？ 你给我开个数就行！"

"只要有钱，就没有办不成的事。"

"人活着就是为了赚钱。"

这些"疯狂"的想法就是希望村村民们的想法。钱，原来只是衡量事物价值的工具，但现在却成为最高的价值标准和人们心中幸福的象征。人原本是为了让生活更方便、更富裕而创造了钱，但现在反而让钱主宰了人。因为钱，人心变了。

钱串子也同样患上心病。起初，他的提议是用钱来减少人们生活的不便，但是现在他自己却因为贪恋财富，开始不择手段地攒钱赚钱，成了名符其实的无情"钱串子"。

钱串子在赚钱方面表现出了卓越的能力，村民们羡慕他，纷纷效仿钱串子的行为。他们认为这样就可以跟着赚大钱。就在这时，发生了"猪圈事件"。

那天，钱串子睡到了猪圈里。

"听别人说，梦里遇见猪的话就会赚很多钱！可是我怎么也做不了带猪的梦。真是想梦见猪想到快要发疯了，这个想法横竖都不能消停。等等，我也许应该搬到猪圈里和猪一起睡觉，那样在梦里就能遇见猪了吧？虽然猪圈又臭又脏，但是为了赚钱我就豁出去了。我这人和猪很有缘，所以我的梦里肯定会出现猪。"

钱串子带着这样的想法睡到了猪圈里。没想到的是，其他村民都看在眼里记在心上，不约而同地效仿钱串子把床都挪到了猪圈。

也就是在这个时候，村子的名字被改成了"钱家村"。一天，邻村的村民外出经过希望村，看到一个在猪圈里睡觉的人，于是忍不住发问："是人在赚钱，还是猪在赚钱？你们为什么都睡在猪圈里？"

"哪来那么多为什么呀？不就是因为说和猪睡觉能梦到猪嘛！"

"那为什么想要梦见猪啊？"

"只有梦到猪，才能多赚钱嘛！"

"喂喂喂，我说老伙计，你脑子转不过来了吧，怎么会相信这种事？你们眼里就只有钱了吗？这个村子不像是希望村，我倒更觉得应该叫作钱家村。"

那个人是带着嘲笑的意味说的，但听到这话的人反而高兴起来，立刻把村子的名字改成了钱家村。

"钱家村？那太好了！这里是钱的家，一定会让我赚上大钱！我们马上给村子改名吧！"

钱家村的生活是不是比以前过得更好了？我们不知道。我们只知道大家现在都只顾着自己，一点都不懂得为别人着想，所以钱赚得多并不等于过得好。村里总有小偷日夜觊觎着别人的钱财，甚至出现了谋财害命的恶劣事件。村里每家每户都建起了高墙，晚上害怕得不敢随意走动。谁家里遇到了困难，再也得不到邻居们的帮助。

随着时间的流逝，人们越来越怀念以前的希望村。在那个希望村，人手不足的时候互相帮助，粮食不足的时候互相分享，彼此之间充满了温情。

经济放大镜

钱为什么会产生？

人们把钱创造出来是为了解决以物易物中的不方便。在钱还没有出现的年代，所有东西都是直接交换的，要想换到所需要的东西真是相当不容易。另外，像钱串子一样，为了换回来猪，人们通常要把大米带去市集，而且像这些沉重的大物件都是得自己亲自拉过去再拉回来，还要防止物品换坏，所以不是一般的麻烦。但随着钱的出现，这种不方便的问题消失了，人们之间的交易因为便捷而变得非常活跃。

钱能做什么？

首先，可以用钱来买东西。我们付钱，就会得到与价格相对应的物品。

其次，钱是衡量东西价值的标准。铅笔5毛钱，笔记本2元钱，我们可以通过金钱来判断东西的价值。

第三，钱是用来保存价值的。如果我有500元钱，那就意味着我持有了可以买500元物品的价值。

钱变成了什么样子？

钱在不同时代、不同国家，呈现出各种各样的形态。

在很久以前，贝壳被用来当作钱。人们所必需的布料和食物也有一段时间充当过钱。

后来，钱逐渐变得更小、更轻，而且更容易保存和携带。人们制造了金币、银币、铜币等硬币，还制造了纸币、支票这些轻巧的货币形式。

今天，随着科学的发展，又出现了信用卡和电子货币。信用卡是一张小小的塑料卡，通过刷卡片上的磁条来使用，使用起来相对来说比较方便。而到了电子货币，人们可以使用电脑、智能手机等结算，又因为它不占用物理空间，因此就更为便利了。

第二章

如何明智地 管理你的钱

这世界真的有太多东西会自己溜走了。

指缝间的沙子会溜走，手里的零花钱也会溜走，根本都不知道溜去了哪里。

感觉才刚拿到零花钱不久，现在口袋里就已经空空如也了。

零花钱到底溜到哪里去了？我真的很想知道！

使用零花钱要记账！

深夜，钱小妹的家里开了一个家庭会议。

"钱小妹和钱小弟一个月要花多少零花钱？"

"嗯，我没有计算过，所以不太清楚啊。每次要用零花钱的时候，我就会跟妈妈要，妈妈可能更清楚吧。"钱小妹回答爸爸说。

妈妈摇了摇头说："钱小妹零花钱嘛，花的人知道，我怎么知道？"

"那你最近没有记账吗？"

"大的钱虽然会记，但是小的钱一块两块的随时都在往外花，怎么可能样样都写下来啊？"

妈妈给钱小弟使了一个眼色，钱小弟马上心领神会，开始转移话题："爸爸，怎么突然问起零花钱来了？"

"如果每个人都是随时用钱随时伸手拿的话，钱就会没有计划地花掉，你们也不知道自己花了多少吧？所以，从现在开始，我打算提前给你们一个月的零花钱，让你们自己管理。现在你们也应该学着一步步管理起自己的零花钱了！"

听到爸爸的提议，钱小妹和钱小弟都非常高兴，觉得自己长大了。并且，爸爸给钱小妹和钱小弟布置了一个作业，让他们在第二天给出自己的月度零花钱的预算。

第二天钱小妹去了学校，打听了一下同学们都能拿到多少零花钱，又根据自己的情况计算了一个月内需要用的数额。她首先计算了一个月内要用到的学习用品的费用，又算了一下买零食、加餐的钱，还估计了平均一个月一次给朋友准备生日礼物的钱，等等。并且还制定了储备金，防止发生意外情况需要用钱。大致这么一计算，一个月需要多少零花钱马上就出来了。

钱小妹跟钱小弟不一样，他对计算预算没有任何兴趣。

钱小妹问只顾着玩游戏的钱小弟："你打算怎么办？你要怎么跟爸爸交差？"

"我可算不清，快饶了我吧！零花钱当然是越多越

钱小弟呀，你的"啥"也太多了吧？

好。如果剩下了，我就把钱存起来呗。"

　　钱小弟信心爆棚，而钱小妹无话可说。晚饭后，一家人又聚在一起了。

　　"你们考虑好一个月的零花钱需要多少了吗？"

爸爸带着好奇的表情，轮流看着钱小妹和钱小弟。

"我算来算去，感觉至少得有200块才行。"钱小妹先说。

"我大概有250块就可以了。"钱小弟在钱小妹的预算基础上多加了50块作为自己的预算。

就这样，钱小妹和钱小弟都头一回得到了一整个月的零花钱。钱小妹觉得有点压力。她想着怎样才能把零花钱分配好，晚上甚至睡不着觉。之后钱小妹在每次使用零花钱的时候，都仔细记录下在哪里使用了多少钱。钱小妹之前伸手拿零花钱的时候，总觉得不是自己的钱，没有太大的烦恼，但是自从自己开始管理零花钱之后，就有了责任感，不敢随便花钱了。

钱小弟的想法与钱小妹的完全相反。

"哈哈哈，发财了！我从没拿过这么多钱呢。一个月花完这些钱，我可以花个痛快啦。让我想想买点什么好呢？买辆遥控赛车？不行，那要花很多钱……不过，我现在不买，什么时候买？花完钱了，我就按没钱的样子过呗，这有什么？"

钱小弟一直想要一辆遥控赛车。但是妈妈一直不同意，他没买成，心里很不舒服。"这样能行吗？如果让妈妈知道我偷偷买了遥控赛车，一定会教训我的……不对，妈妈凭什么教训我？这是我的零花钱，我想花就花。这是我自己的钱，我想怎么花就怎么花！"

经过再三考虑，钱小弟最终还是买了遥控赛车。然后，零花钱瞬间减少了不少。可能是因为一下子花了一大笔钱，钱小弟心里有些过意不去。所以他决定按照钱小妹的做法，在日记本上记下零花钱的花销。但是，这个决心他没保持多久，记了几天，钱小弟觉得麻烦，很快就放弃了。

"之前花钱我也没做过计划。这笔钱花一个月怎么也会剩一些的。"

每天放学回家的路上，钱小弟都和好朋友一起买零食，想吃什么就买什么。上学途中如果想起什么文具忘带了，他就直接跑去文具店买新的。因为他不想迟到，而且觉得再回家取太麻烦了。就这样，钱小弟糊里糊涂地过了半个月，他的零花钱也花的差不多了。

"哎呀，这是什么情况啊。怎么就只剩下一张5元的纸币和三个5毛的硬币了？"

直到这时，钱小弟才开始担心："我该怎么办啊？离下个月还远着呢……我买了什么呀，怎么花了那么多钱？哎呀，出大事了。嗯……买了两本笔记本，还买了铅笔……我买练习本了吗？想不起来了。唉呀，总之，接下来的半个月我该怎么过呢？"

钱小弟感觉眼前一片漆黑。

"怎么办？哄一下妈妈让她再给点零花钱吗？不行，她不会给我的。妈妈就怕我这样，之前就反对一次给我一整个月的零花钱，现在她一定不肯帮我！跟姐姐借吧？不行，姐姐也不会帮我的。不管怎么着，我都不能告诉妈妈。可是我该怎么办呢？"

钱小弟想了想，决定打碎小猪存钱罐。钱小弟的小猪存钱罐是从六个月前就开始使用的。

钱小弟趁着谁也没注意，拿着小猪存钱罐去了后院。

"小猪，对不起。等我下个月再拿到零花钱的话，我会重新把你的肚子填满的，所以你也不要太伤心。"

钱小弟正要对小猪存钱罐下手。就在这时，传来了妈妈的声音："钱小妹！钱小弟在哪里呢？姑父来了。"

听到妈妈的声音，钱小弟赶紧把小猪存钱罐藏起来，进了屋。原来家里来客人了，是长期在美国工作的姑父。钱小弟悄悄地把小猪存钱罐放回原处，向姑父打招呼："姑父，您好呀，最近，还好吧？"

"嗨，你长大了，变得快认不出来了。待人接物也变得更有礼貌了。那么长时间没见，给我们钱小弟拿点零花钱吧？"姑父马上掏出钱包，递给钱小弟一张硬挺挺的钞票。

"啊，总算活过来了！果然天无绝人之路啊！姑父真好，姑父就是我的大恩人。"

刚才的烦恼一扫而空，钱小弟的脸马上焕发出光彩。

"姑父，谢谢您。我会努力学习的。"钱小弟真的很兴奋。

"现在我真的要省钱了。如果再像以前那样乱花，以后每个月的零花钱都会不够用。"

钱小弟认为他必须彻底地成为一个吝啬鬼。所以不必要的东西他都不买。

不知不觉间，钱小妹和钱小弟自主管理零花钱的时间已经满一个月了。爸爸把钱小妹和钱小弟叫到跟前，对他们说："现在我们来检查一下，看看你俩的零花钱有没有用好！"

"这个月爸爸给了充足的零花钱，你们也从姑父那里得到了一笔，现在应该还剩很多钱吧？"妈妈接过爸爸的话说。

"当然了。我的结余有不少呢。"钱小弟得意地拿出了花剩的钱。

"那我怎么办？我几乎没有剩下钱。但我觉得花得正合适，也没有浪费……"钱小妹说道。

"姐姐怎么花钱大手大脚的？"

钱小弟抓住了钱小妹的把柄。

"钱花得节省固然好，但更重要的，是有没有精打细算有计划地把钱花在需要的地方。好吧，我来问问，钱小弟都把钱花在了什么地方？"

"我买了学习用品和遥控赛车，剩下的和朋友一起买零食吃了。但我还剩下这么多钱哦。"钱小弟以为自己有不少结余，肯定会得到爸爸的表扬的。但是爸爸却看上去不是很高兴。

"这里我把花销都记下来了，在哪里花了什么钱、花了多少钱。"钱小妹递给爸爸一个日记本，上面仔细记录着她零花钱的去处。

"这是什么？"爸爸指着那个画有心形标志的项目问。这是钱小妹这个月的花销中最大的一笔钱。

"我们学校有个患心脏病的学生。

"由于他们家太穷了，没钱做手术。所以学校里的同学们为了帮助他筹集手术费而发起了募捐，我把手里这个月结余的零花钱全部捐出去了。

"我真的很想帮助他。"

爸爸听完钱小妹的话后默默地点了点头："钱小妹有两件事值得称赞。一个是把零花钱的使用做了详细的记录。这样做，可以方便我们之后进行查看和复盘，帮助我们做出下个月的零花钱预算和更合理地分配零花钱。另一个是真正了解钱的价值。钱不是光存着就好，更重要的是

哼！我的零花钱还剩了不少呢……

要把钱花得有意义、有价值。向贫困和生病的小伙伴捐款，就是为了让钱更有价值。怎么样？自己管理和使用零花钱不是一件容易的事吧？"

爸爸拿出两本小本子放在姐弟两个面前，说："这可不是普通的本子。我们来看最前面这页。"

爸爸手里的本子就是《零花钱记账手册》。打开本子可以看到，前面一栏有日期、收到的钱〔收入〕、花出来的钱〔支出〕、剩下的钱〔余额〕，旁边一栏可以记录使用情况，最后一行是每一栏的总和。

"从现在开始，我们要用这些本子记录我们的花销，用它来管理自己的零花钱。明白了吧？好了，那就让爸爸先算一算这个月用的零花钱吧。钱小妹上个月零花钱用得很有计划啊，所以这个月也会给和上个月一样的金额。而作为零花钱管理得好的奖励，我会添上一点奖金。至于，钱小弟……"

钱小弟心里开始打鼓，忐忑不安起来。

"钱小弟不清楚上个月的零花钱花在了哪里怎么花的，没办法先制定这个月的计划。所以这个月还让妈妈帮你拿着钱，在需要的时候你再跟妈妈要。然后把这些钱写在零花钱记账本上。等你把零花钱都清楚记下来了，爸爸再按原来的约定把一整个月的零花钱发到你手上。你没有意见吧？”

　　“好的……”钱小弟的声音小得连自己都听不清。

如何管理好零花钱？

为了用好零花钱，事先计划好要花多少钱，并且得把这个习惯给培养起来。每次花完钱后，要把支出的内容仔细地记录在零花钱记账簿上。否则，钱就会消失得无影无踪。

如何制定支出计划？

以一个月或一周或半个月为周期，来规划一下你的收入和支出。一开始的支出计划根据自己收到的零花钱数量来制订。一个周期之后，以上个周期的支出情况为参考来制订下个月的支出计划。

	项目	金额	备注
收入	零花钱	200	
	总计	200	
支出	储蓄	100	
	为同学筹集手术费	90	
	总计	190	

零花钱记账手册怎么用？

　　每次花钱之后要仔细记录下开销内容，还要把账面剩下的钱和实际手上有的钱作一个比较。过一个月，看看这段时间的支出。把它与支出计划进行比较，看看支出是否按照计划完成，有没有白白浪费的钱。万一出现问题我们要仔细找出原因，然后在制订下个月的支出计划时作为参考考虑进去。

日期	项目	收入	支出	余额
9 / 1	零花钱	250		
9 / 5	玩具车		150	100
9 / 7	炒年糕		15	85
9 / 8	鸡肉串		10	75
9 / 10	练习本，铅笔芯，橡皮擦		15	60
9 / 11	甜甜圈，果汁		30	30
9 / 11	两本笔记本		8	22
9 / 12	热狗		8	14
9 / 13	抽奖		5	9
9 / 15	丢失		0.5	8.5
	总计	250	241.5	8.5

第3章

给辛勤劳动的人发报酬

倡议！

世界上的每件事都有它的报酬。买东西要付钱，吃东西也要付钱。

给父母擦皮鞋可以拿到零花钱，跑腿可以拿到跑腿钱，还有工作可以拿到工资。

工资支撑着我们全家的生活。

而努力工作所能收到最重要的报酬，就是家庭的幸福。

如果每天都是发工资的日子就好了

今天是爸爸发工资的日子。晚饭的时候，钱小妹一家餐桌上的饭菜摆得比平常要丰盛。

钱小妹高兴地说："哇，今天好吃的菜怎么这么多？我希望每天都是这样。"

妈妈立刻露出了一副惊恐的表情："今天是爸爸领工资的日子，所以才特别花了些心思。如果天天都这样吃，那

会出大事的！"

　　"希望每天都是爸爸发工资的日子。"钱小弟不停地转着筷子说。

　　爸爸笑着说："爸爸也希望每天都能领工资，但哪有这样的好事啊！一个月就拿一次工资。"

"爸爸跟公司老板天天要不就行了嘛。"

"如果能那样的话，妈妈也不需要别的指望了。"

爸爸听了妈妈的话，不自觉微微一笑。

"当然。这样我就能少被唠叨了。"

"你说什么呢？我什么时候唠叨你了！"

妈妈红着脸掐了爸爸一把。爸爸假装被掐得很疼，引得钱小妹和钱小弟咯咯地笑了起来。爸爸不好意思地耸耸肩。

"可是孩子们，你们知道爸爸为什么领工资吗？"

"是因为你想给我们买好吃的吧。"

爸爸听到钱小弟的话笑了。

钱小妹说："是因为爸爸在公司上班才能领工资吗？"

"是的。因为在公司上班所以可以领工资。但不是只有去公司上班才能取得报酬。在学校讲课的老师和在军队服役的军人也像爸爸一样领工资！"

"那他们为什么领工资？"

"当然是因为他们辛勤地劳动了，所以他们会取得相应的报酬。以工作换来报酬，拿到手的钱就被称为工资。而月薪是工资的一种，它因以月为单位计算工作报酬而得名。此外，以小时为单位计算的叫时薪，以日为单位计算的叫日薪，以年为单位计算的叫年薪，等等，有多种多样的工资形式。"

"'年薪'这个词我经常能听到。打开报纸或者电视，就会出现很多关于棒球运动员和足球运动员的新闻，说他们今年年薪是多少多少。"

说完，爸爸点了点头。

"是的。职业运动员是最具代表性的拿年薪的人。其实爸爸拿的也是年薪。虽然每个月都领着工资，但是也是年薪的一种形式。在刚进公司的时候就和老板约定好年薪金额，然后分12个月领取。年薪是根据自己的能力和成绩以一年为单位确定的。如果过去一年表现好，第二年就会涨薪，但如果不行，可能会被降薪。"

"那爸爸也会被降薪吗？"

听了钱小弟的话，妈妈使了个眼色，说道："孩子们，应该要让爸爸考虑多赚点，光想着扣钱那可怎么行啊？"

"唉呀，我说错了！爸爸，你就应该像妈妈说的那样，努力工作，挣更多的钱。"

钱小妹趁机指责钱小弟："你怎么搞的，小孩子家家只认钱？"

"我怎么就只认钱了？我是认为努力工作，就该得到相应的工资啊。"钱小弟不以为然。

"哈哈哈！钱小弟说得也在理，工资是工作后得到的正当报酬。努力工作然后挣更多的钱，这并不是什么坏事。但真正的问题是我努力工作了反而得不到相应的回报。对了，你最近还在认真地帮爸爸擦皮鞋吗？"

"当然了，今天也擦了皮鞋，我们各收了2块5毛钱。"钱小妹和钱小弟自信满满地说。

"那么，爸爸给你们的2块5毛钱也算是一种工资吧。因为你们擦皮鞋也是在辛勤地工作。但是我们也设想一下，如果爸爸不给你们钱，或者给的比约定的金额少呢？"

钱小弟皱着眉头说："什么？那我们就不擦鞋了呀。哪有这样的道理？"

"对吧？像爸爸这样的大人也是如此。如果我们辛勤地工作，但收到的报酬却很少，那肯定会辞职的。就算是暂时不得不忍气吞声地继续工作，那我们也不可能再全心全意地去把事情做完了。当然，也有很多人是在没有经济报酬的情况下工作的。可是，那是因为雇佣者和被雇佣者之前就商定好的，是一种义务帮忙的工作形式。"

"像那些在福利院或者养老院里从事志愿服务的好心人？"

"是的，在许多地方都可以看到志愿者，他们即便工作到满头大汗也不要求经济上的报酬。他们只是喜欢为别人服务。这就是为什么他们可以在经济报酬很少甚至是没有的情况下，还能心甘情愿地工作。在公司上班的职员在某种程度上也需要学习一下他们的心态。付出多少就收获多少，这固然很重要，但也不能不务正业，只图回报。工作的劳动付出和经济上的回报相适应时，人们才能快乐地工作，并且使生活充满活力。"

爸爸说完，妈妈接着说："不管怎样，你们要感谢爸爸。因为爸爸在外面努力工作，你们才能在家安心地吃、住、睡。如果没有爸爸的工资，你们连学都上不了，甚至还会饿肚子。怎么样，你们知道爸爸的工资有多重要了吧？"

钱小妹和钱小弟点点头，妈妈有些欣慰："所以说我们不能乱花钱。你们花的每一分钱都是爸爸辛勤工作换来的，付出了相应的时间和努力。你们要知道爸爸为了不让我们一家吃苦，在外面工作非常辛苦的。"

听了妈妈的这些话，爸爸干咳了一声，耸了耸肩说道："其实，亲爱的，你在家里也很辛苦。我只是作为家里的一家之主做了我应该做的事情而已。比起我，你更操心。拿着我微不足道的工资操持一大家子的生计，还要抚养孩子，这也很辛苦的啊！"

爸爸还向妈妈眨了眨眼，这时妈妈的嘴角闪过了一丝微笑。

"可是，爸爸，真奇怪。妈妈在家做饭、洗衣服，她也在努力地工作，那妈妈为什么没有工资？妈妈就这么不计回报地付出劳动吗？"钱小弟有些疑惑。

钱小妹抢着回答："傻瓜。那是因为爸爸工作，妈妈却不工作呀。"

"我怎么不工作？这里就是我的工作地点啊。"

"是的！"爸爸解释道，"妈妈虽然不上班，但不代表她不工作。家里就是妈妈的工作单位。管理着爸爸在外面挣来的钱，精打细算地把家里的日子过好，把房子也打理得干净漂亮，同时还把你们养得既聪明又健康，这难道不是工作吗？本来这份工作是需要爸爸和妈妈一起做的，但爸爸因为上班太忙，大部分时间都在外面，所以就委托妈妈替我做一下。我们能过得这么快乐和睦，全靠妈妈为我们的家庭努力工作。如果算工资的话，妈妈应该比爸爸的年薪要高很多吧！"

"嗯哼，这些原来你都知道的啊？"这次轮到妈妈干咳了一声，又耸了耸肩。

"我当然知道。亲爱的，对不起。所以说你也应该拿工资的。但我不是也按时把工资交给你了吗？孩子们，其实爸爸也是靠妈妈养活的。爸爸也像你们一样从妈妈那里拿零花钱。"

"你说的是真心话吗？那就帮我个忙呗。"

"帮忙？尽管说吧。"

"今天你洗碗。而且没有日薪的哦。"

按照妈妈的要求，今天晚饭过后由爸爸来洗碗。爸爸把橡胶手套一直套到了胳膊肘上，认真地洗着盘子和碗。

"今天碗特别多，是不是挺辛苦的？"

不知不觉间，妈妈走到爸爸的身边，和他说话。

"累是累了点。不过，比起你天天洗碗，这不算什么。"

"我和你一起洗吧。"

"不用，我会搞定的，你进去休息吧。做饭就已经很辛苦了。"

"你在干活，我一个人休息什么呀？亲爱的，谢谢

你。给了我这么好的工作。"

　　钱小妹和钱小弟躲起来偷听爸爸妈妈的谈话。在两个孩子眼中，爸爸妈妈一起洗碗的样子从来没有像现在这样好看过。突然，钱小妹红着脸转过身来。为什么呀？因为爸爸亲吻了妈妈的脸颊。

工资的价值是什么？

工资是认真工作的报酬。工资的大部分用在家庭生活消费上。因此，工资是经济生活不可缺少的重要部分。如果不能正常支付工资，劳动者的工作积极性就会消失，人们的生活就会变得困难。为了维持正常的基本生活，劳动者必须要工资。

工资在家庭经济中扮演什么角色？

根据经济活动开展的范围，经济可以分成世界经济、国家经济和家庭经济。世界经济以世界为中心，国家经济以国家为中心，家庭经济以家庭为中心，各自包含了在不同范围内所进行的经济活动。就像小朋友们上学和生活必须依靠父母挣来的工资，工资是家庭经济中最重要的组成部分。要想建立一个充满活力和拥有幸福的家庭，工资在其中担当着必不可少的重要角色。

工资在国民经济中起着什么作用？

　　国民经济是指国家依靠家庭、企业和政府这三个经济主体，而开展的经济活动。国民经济可以随着经济主体的活跃交流活动而变得健康稳固。家庭成员在企业工作，得到报酬。人们用工资买商品，企业就能盈利；企业和家庭交税，国家就能正常运转。不管哪一个经济体受阻，整个国家的经济就会受到损害。工资在国民经济的循环中起着非常重要的作用。

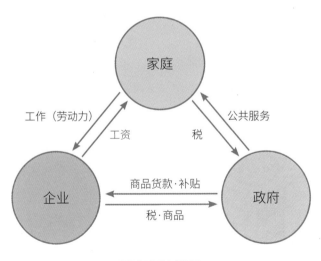

国家经济循环

第4章

我需要一份
工作

我们每时每刻都过着经济生活。

为了吃喝住行，为了打扮得漂亮和满足社交需求，为了未来更好的生活，人们努力工作不断赚钱。

如果没有工作怎么办呢？

大多数失业者会没有安全感，生活压力大。

希望所有的失业者都能看到明亮的天空。

为什么工作对人来说如此重要？

还有为什么失业会成为问题？

一元大叔的天空

　　这是一个阳光明媚的大中午，钱小弟在放学之后和小伙伴们来到游乐场玩。正玩得开心呢，不知从哪里传来一个声音："孩子们！原来你们在这里呀！"

　　说话的人，正是一元大叔。一元大叔住在钱小弟家隔壁，脸上胡子拉碴。两年前，一元大叔大学毕业，但到现在都还没找到工作，白天也只能待在家里。一直待在家里也很无聊，他就偶尔出来到社区的胡同里闲逛，也会去钱小弟玩的游乐场里瞎转。

　　"那个大叔又来了。唉，好讨厌啊！大叔怎么老是来我们玩的地方转悠？"

"我想他没有工作，对吧？"

"看他的样子就知道，他是个无业游民。"

"他又来妨碍我们玩耍了。伙伴们，我们去别的地

方玩吧。"

钱小弟的同伴们七嘴八舌地小声议论着一元大叔，然后大家就一起转移到别的地方玩去了。钱小弟虽然觉得大叔可怜，但也经不住朋友们的劝说，跟着大家离开了游乐场。傍晚，钱小弟在回家的路上，又见到了一元大叔。大叔独自坐在游乐场的秋千上。

"大叔，你不回家吗？"

钱小弟走到一元大叔跟前跟他打招呼。但是大叔只顾着自己呆呆地望着天空，不知道有没有听到钱小弟的话。

钱小弟提高了嗓门又问了一遍："大叔，你不回家吗？"

大叔这才用蚊子哼哼般的声音回答："嗯，我一会儿就回去。"

钱小弟坐到大叔旁边的另一个秋千上。

"大叔，你现在很伤心吧？我都知道。当我伤心的时候，我就会坐在秋千上抬头看着天。"

大叔看了看钱小弟，又微微地笑了笑："你叫什么名字呀？"

"唉哟，你居然不知道我的名字呀！在游乐场一起玩了那么多次，你竟然还不知道我的名字？大叔，看来你的记性不太好。我是钱小弟呀。我可知道你的名字。"

"真的吗？"

"一元嘛。对吧？我以前就认识你了。"

"你怎么会认识我？"大叔露出惊讶的表情。

"我就住在大叔隔壁。有时候我待在自己的房间就能听到大叔房间里传来的声音。大叔，前几天你被爸爸训得不轻吧？"

一元大叔好像自己深深藏着的秘密被人发现了一样，吓了一跳。

"大叔不用害怕。我也没告诉任何人。我知道的，你是大人还被爸爸训，感觉很丢脸，对吧？"

钱小弟看着大叔脸上为难的表情，接着说："大叔为什么会被爸爸训，我都知道。那天我都听到了。因为没找到工作，是吧？现在待在这里不肯走也是因为怕回家又被骂吧？我说得对吗？"大叔可能是不知道怎么回答，就只是扑哧地笑了一下。

"但是大叔为什么不找工作呢？你不想工作吗？我

爸爸说不喜欢工作的人不是好人。"

听到钱小弟的话，大叔的表情变得严肃起来："钱小弟啊，大叔不是不想工作，而是没有地方需要我，所以我就没有工作。"

"你撒谎，怎么会没有地方需要你？我们国家有那么多公司！"

"不是公司多就能有工作做的。"

"是这样吗？"

"公司不是什么人都要的。他们会选择公司需要的人，给他们安排工作岗位。"

"选择公司需要的人？那是怎么选择的？"钱小弟好奇地问。

"公司在招聘前，会先考虑什么样的人最合适。只有把能力出色的人招聘进来，公司才能发展。为了了解应聘人员的能力和品性，公司会进行考试，负责人还会亲自和应聘者面谈，认真考虑公司是否需要这个人。经过一系列的流程，做出判断，是否录用这个人。"

"唉呦，进公司也要考试吗？"

"当然了。如果考试不通过，即使想工作也去不了。"

"那么是因为大叔考试没及格，所以就一直在家里晃悠呗。看来你学习不太好，对吧？"

钱小弟的话音刚落，就看到大叔的脸扭成了一块。

"是啊，大叔学习不好，脑子也不好，也没找到工作，又怎么样！"

"一元大叔，都是大人了，还会为这个发火啊？"钱小弟觉得大叔的表情很有趣，反而哈哈大笑起来。

"不要因为学习不好而感到丢脸。我学习也不好。我爸爸说，成为心地善良的人比成为学习好的人更重要。"

听到钱小弟这么说，大叔的脸舒展了许多。

"大叔，那你真的是因为学习不好，所以找不到工作的吗？"

"如果说学习不好就找不到工作，那学习不好的人不就都饿死了吗？钱小弟呀，就职其实是说一个人找到了自己的职业并且开始工作。学校学习好不好固然重要，但更重要的是其他的事情。"

"还有什么是更重要的？"

"更重要的应该看这份工作是否符合自己的能力和才干。学习成绩好的人，如果从事了跟自己的个性和才能不匹配的工作，他很快就会厌倦，甚至会放弃工作。因此他也就不能把工作做好。到最后就会像我一样失业了。"

"自己的个性和才能？没错，我爸爸也是这样说的。我给爸爸看过我的成绩单，除了体育和音乐，其他科目都很糟糕。我很担心被他批评，开始的时候心里紧张坏了。但是爸爸说：'钱小弟在体育和音乐上很有天赋啊。你可以多多发展体育和音乐方向的才能，未来应该也会有前途呀！培养个人的才能固然很重要，但是偏科也不是好事的。虽然其他学科不像体育和音乐那样让你如此喜欢，但是也可以培养起对其他科目的兴趣。'我爸爸是这么说的。不像我妈妈，她就光知道责备我。那天我心里别提有多高兴了。"

钱小弟想起当时的情景，不由自主地脸上又泛起了笑容。

"那钱小弟长大了想做什么？"

"你是问，我的梦想是什么吗？"

"对，我想知道你的梦想。"

"我以前也跟爸爸说过自己的梦想，那会儿爸爸跟我说，有句话说得好，'比起要成为什么样的人，我们更应该考虑自己是否活得善良，过得是否有意义'。也就是说，不管做什么都要保持善良，都要过有意义的生活。所以我也想了一下，我以前的梦想是成为一名运动员，但是现在改了。"

"为什么？运动员不是很好吗？"

"虽然做运动员也不错，但是我还是决定成为一名歌手。"

"歌手？"

"是的。我要成为歌手，为生活在艰难困苦里的人们而歌唱。当人们听到我的歌的时候，内心就会渐渐生出勇气……所以……嗯……，所以我要创作能给人们带来希望的歌曲。我特别想唱这种类型的歌。"

钱小弟想象着自己的未来，脸上笑嘻嘻的，像朵花儿一样。

"钱小弟拥有一个很美好的梦想啊。不过要实现这个梦想，你就必须付出相当大的努力。不然，梦想只能是梦。你经常练习唱歌吗？"

"还没有。但是从现在开始我会加油的。我真的很想成为一个能唱出优美旋律的歌手。那大叔你的梦想是什么？"

大叔沉思了一会儿。

"嗯……大叔想当老师。我想成为一名老师，一名能帮助善良的孩子，比如钱小弟你，快乐地实现自己梦想的老师。"

"但这件事情进展得不顺利吗？"

"是我不够努力。并且当老师真的很难。想当老师的人远比现在需要老师的岗位多很多，所以竞争非常激烈。不仅仅是老师，其他职业也是如此。如果需要工作的人比提供工作的岗位多，就会出现像大叔一样的失业者。当经济不景气时，失业人数就会增加。因为公司也不会招那么多人来工作。想工作的人越来越多，但工作岗位反而减少了，那像大叔一样的失业的人就必定会出现了。"

"失业的人变多，是坏事啊。"

"当然啊。简直糟糕透顶。如果失业者增多，不仅对失业者个人，甚至对企业和国家来说也会蒙受巨大的损失。干活的人少了，生产自然也就少了，生产少了，公司的利润也就相应减少了。不仅如此，对一直以来为找到好工作而接受了高等教育的人而言，他们就不能充分施展自己的聪明才智，那当初用于教育的投入和费用也就跟着贬值，这对国家来说将是非常大的损失。"

"不幸的人也会增多的吧。也会出现很多像大叔这样被爸爸训斥的人。"

"是的，你说得对。人长大了就要有自己的工作，要赚钱，这样就能享受到良好的经济生活，建立起幸福的家庭，实现自己的梦想。但失业者是很难实现这一状态的。如果你父亲失业了，你的家人也就不能像现在这样幸福地生活了。我家也因为我连续几年的失业，家里的气氛变得异常的压抑。看到父母为我担心，大叔我的心里别提多难受了……"大叔不禁叹了口气。

"大叔，不要太伤心。大叔还年轻嘛。再过一阵子，大叔也会找到好工作的。"

钱小弟真心想安慰一元大叔。为悲伤的人提供安慰，是每个人都应该做的，这与年龄大小无关。

半个月后，钱小弟在去学校的路上又见到了大叔。一元大叔穿着整洁帅气的西装。

"哦？大叔为什么穿的是西装呀？"

"怎么，我就不能穿西装吗？"大叔提起西装领子说。

"失业人员穿什么西装呀？"

"我不再是失业人员了。"

"你说你不是失业人员了？就是找到工作了？"

"对呀，今天是第一天上班。怎么样？我看起来挺不错的吧？"

钱小弟高兴得大声欢呼："嘿，真厉害！大叔，你太帅了。拿到第一份工资，你得请我吃好吃的哦！"

"难道只是好吃的吗？我会满足你的一切愿望，你只管说。"

"真的吗？那大叔的工资都给我吧！"

听到钱小弟的话，大叔的脸有点僵硬。

钱小弟哈哈大笑："我在开玩笑呢，开玩笑的。大叔，真的祝贺你。因为看到大叔充满了活力，所以我也自然而然地充满了力量呀！"

"钱小弟，现在就不要叫我大叔了，叫我哥哥吧。我还没娶媳妇呢，听到别人喊我大叔，心里太难过了。"

　　"哼，哪有像大叔这样老的哥哥？"

　　"那喊我叔叔呢？"

　　钱小弟勉为其难地说："好吧，叔叔！但是你可要遵守约定给我买好多好吃的！"

　　就这样，一元大叔成了钱小弟的好朋友。钱小弟的这位好朋友在一家小出版社工作，他有一个新的梦想。这个梦想就是，为了让孩子们以后成长为善良诚实的人，他一定要出版很多很多优秀的儿童图书。

经济放大镜

失业是什么？

每个人都想从事适合自己个性和才能的工作。但是，也有很多人即便不挑剔工作内容和工资水平也找不到工作，他们因此而焦虑。有工作的能力和决心却没有找到工作的状态，我们称为失业。失业者就是指处于失业状态的人。

为什么会出现失业者？

经济不景气，失业人数就会增加。
现在韩国有三分之一的青年人正遭受着失业。

为什么会有失业者？

经济不好，人们为了省钱就不买东西。如果商品卖不出去，企业就会因为没有利润而关门大吉。那么企业的员工就会直接面临失业。有些企业为了避免倒闭而选择裁员。裁员是通过减少员工数量的方式来减少工资支出。他们当然就不会再招聘新员工。失业者多了，经济活动就会随之减少，企业也会因为产品卖不出去而关门，然后出现更多失业者，陷入恶性循环。失业问题不仅给失业人员带来巨大的痛苦，而且会影响整个社会的稳定。当失业问题加剧时，人们不满的情绪就会增加，社会成员之间产生不信任感，会衍生出一种非常不稳定的社会状态。

此外，由于机器自动化，社会也不再需要那么多的人力。就像银行的取款机一样，当机器代替人的工作时，他们就不需要原来从事这项工作的人员了。

对失业有什么对策吗？

如果失业人数增多，甚至成为了社会问题的时候，政府要出面解决。我们必须开展大规模的专项措施，积极支持那些开创新业务的人，正是他们创造了新的就业机会。同时也可以让失业者接受新的职业教育。最重要的是，社会保障可以让人们在失业时得到最低限度的生活保障。失业者也要在政府的支持和帮助下，努力提升自己的能力和素质。

第5章

用小钱换来大满足

欲望是无限的，但资源是有限的。

这句话虽然听起来挺精彩的，但其实指的是我们想买的东西很多，拥有的钱却很少的可悲现实。

我们没办法得到我们想要的一切。但是，如果你的钱花得合理，你就能实现最大的满足。

花德渊与花德豪的选择

星期天早上，钱小妹家原本安静的房子里突然变得嘈杂起来。钱小妹正在抱怨。

"啊！不要。我也想在百货商场买衣服。"

"唉呀，小孩子去什么百货商场？去批发市场也能买到很多漂亮的衣服。"

"不，百货商场的东西可漂亮多了！"

不管妈妈怎么劝也没用。钱小妹的抱怨始终没有停止，这次爸爸站出来了。

"你那么想在商场买衣服吗？"

"是的，爸爸。我们班的小公主也在百货商场买了

好多漂亮衣服啊。反正是衣服就买一次，当然选漂亮又喜欢的买了。"

"那当然了，你说得也很合理。但是我们回过头来想想，在百货商场买衣服和买又漂亮又喜欢的衣服完全是两码事。并不是说去了百货商场就能一下子买到合自己心意的衣服。爸爸知道怎么样才能买到称心如意的衣服，你想听听吗？听完故事，再和爸爸一起去百货商场吧。你就听一听，对你也没有什么损失呀，对吧？"

听说能去百货商场，钱小妹立马竖起耳朵，兴奋地听爸爸讲起故事。

很久以前，有一个地方叫"花家庄"。村子里住着一对孪生兄弟，一个叫花德渊，另一个叫花德豪。花家庄人的姓氏都是"花"，就是名字有点特别。双胞胎兄弟的父亲是"花大俭"，村里最漂亮的女生当属"花小慎"。此外，还有以"花无缺""花呗""花小猪""花过头"等名字命名的邻居。

有一天，父亲花大俭把两个儿子叫来，说："现在你们已经15岁了，应该准备自立了。要想自立就得有经济实力，但你们还没有经济实力啊。所以我要帮助你们在经济上实现自立，不过要先经过我的考验。通过这个考验的人，我会给他5万元的奖金帮他实现自立；没有通过考验的人，就只能在我身边劈柴度日。你们都听明白了吗？"父亲花大俭的话让两兄弟睁大了双眼。5万元可是一大笔钱。

"考验很简单。我给你们每人1500元，你们去集市买各自想买的东西回来吧。"花德渊和花德豪对父亲花大俭的考验很不理解。买自己想买的东西有难度吗？只要有钱，买自己想要的东西不就行了吗？但父亲花大俭的考验其实另有深意。

"你们也很清楚，花家庄是我们祖祖辈辈辛苦传承下来的老村子，有着一脉相承的家风。不花钱，人就无法生活。所以我们的祖先在这里建立'花家庄'的原因都是为了我们能够有钱花，吃好穿好，过上幸福且有意义的生活。而如果有人贪图虚荣而不假思索地挥霍钱财，那最终只会让自己失去所有的财产，沦落到被逐出村子的地步。原来住在这小溪前的'花过头'，他们家不就是这样吗？这都是因为他们没有遵守村子定下的'消费要合理要有意义'的花钱原则。特别是在今天这样的时代里，想买的东西太多了，大家就更应该遵守这个原则。否则，被踢屁股滚蛋只是时间问题。所以你们也要记住我的话，试着进行合理的消费。这就是我要给你们出的题目。"就这样，这对双胞胎兄弟平生第一次去集市赶集。一到集市，两人就瞪大了眼睛。第一次看到这么繁华热闹的地方。

两人似乎理解人们为什么每天都要来赶集了。集市上真是应有尽有。每家店里都堆满了漂亮的、令人垂涎的东西，比如传说中的电子游戏机、绣着华丽花边的礼服、毛茸茸的玩偶、随着掌声起舞的玩具等。还有，让人垂涎三尺的食物实在是太多了，两人一转眼的工夫就找到了想吃想买的东西，不知道先买哪一样好。但他们也不能盲目地都买回来。

父亲虽然也说过让他们要节制，但他们觉得在市集里区区 1500 块是远远不够的。两人决定分道扬镳，各自去买各自需要的东西。

直到傍晚时分，兄弟二人分别抱着一大堆东西回到了家。

"今天的集市你们逛得怎么样？"父亲花大俭问两

个儿子。

"唉呀，多亏了您，我才能见识到这个全新的世界。"花德豪笑眯眯地回答。不过，令人奇怪的是，坐在旁边的花德渊从开始就拉着脸。

花大俭问花德渊："你觉得逛集市没意思吗？"

花德渊板着脸回答："没有。逛集市很开心，但是我午餐吃得太多，拉肚子了。"

原来，花德渊在集市上一边逛一边买，只要看到好吃的就买来吃。花大俭不寒而栗地看着花德渊，然后让两个儿子给自己说说各自的钱是怎么花的。

花德渊先把买来的东西拿了出来。

"爸爸，我首先买了一个书架。要想做生意，首先要读书，学习做生意的知识。但是现在我的书架满了，再也没地方放书了。所以我在集市上花了200块钱买了一个书架。虽然我觉得这有点贵，但是当作对自己未来的投资还是值得的。然后……"

花德渊还买了一件很贵的燕尾服，说是要去参加花小慎的生日宴会。两兄弟几天前都收到了花小慎生日宴会的邀请函，花德渊想在朋友面前展示自己帅气的一面。不管怎样，花德渊出于虚荣心，花了800块钱买了一件穿不了几次的燕尾服。

"买完那件衣服，就到了中午，我肚子饿了。所以我去吃午饭，看到很多诱人的食物……"花德渊从小就贪吃。吃饱了，看到好吃的还是继续吃。即使吃撑了，他还想继续吃。

"你见过这么不争气的家伙吗？吃一顿饭竟然花了150块钱？不拉肚子才怪！"花大俭打断了花德渊的话，突然发起火来。

"你这个只会浪费的家伙。你这种人简直是我们花家庄的耻辱！"

父亲花大俭怒不可遏："你知道吃东西最划算的方法是什么吗？就是挑自己最想吃的食物吃，并且只吃到刚刚饱的程度。这样吃完东西的好心情才能保持长久。吃太多的食物就会腹胀，还可能会拉肚子，这样吃完东西的心情怎么能舒服得了！"

花德渊不敢再告诉父亲其他事情了——就算说出来又会挨骂的。因为穿燕尾服不能搭配运动鞋，所以他又花了300块钱买了皮鞋。为了配上燕尾服，皮鞋也得买贵的。但是光有西装和皮鞋是不够的，还得有衬衫、领带。如果想看起来更帅气，还得配领带夹和手帕……可是，这时的花德渊手里就只剩下50块钱了。

"唉呀，我不管啦！"

花德渊见事情已经无法挽回，便自暴自弃就用剩余的钱买了冰淇淋和巧克力吃。

那么，花德豪的情况又是如何呢？花德豪也和花德渊一样，有不少东西想要买。花德豪也需要一些新衣服来参加生日宴会，因为他一样收到了花小慎的邀请函。花德豪心里喜欢花小慎，所以想在宴会那天打扮得干净帅气一些。但是燕尾服太贵了，他就琢磨可以用什么衣服来代替燕尾服，既能省点钱又能达到目的。

"我买了一件夹克。一来夹克显得稳重，穿上身让人看起来更帅气有型；二来夹克用来搭配衬衫和牛仔裤也很适合。当然，价钱也不算贵。"

花德豪花了1000块钱买了一件夹克、两件衬衫、一条牛仔裤和一双结实的皮鞋。基本上可以说以花德渊买单件燕尾服的价格，花德豪买了一整套行头。

"我也想买一个高级书架，但是200块钱的书架，我感觉太浪费了些。而且书比书架重要。所以我买了200块钱的书回来。"

听完花德豪的话，花大俭虽然心情大好，但是不免有点疑虑，他问花德豪："那书架怎么办？我看你原来的书架不是也满了吗？"

"集市上有人卖木板，很便宜，我就花了50块钱买了。"

"木板是干什么用的？"

"用木板垫上砖头，就能自行组装成书架。砖头嘛，是捡了工地上废弃的砖头。"

所以说你就只知道身边放个书架，穿个燕尾服，光在那儿吃东西了是吗？

换句话说，花德渊花200块钱买的书架，花德豪是用50块钱解决的。买书架也比花德渊节省了150块钱。

"剩下的250块你拿来买什么了？"花大俭追问道。

花德豪红着脸说："我用150块钱给花小慎准备了生日礼物……剩下的100块钱留下来作为和花小慎的约会经费。"

父亲花大俭抚摸着花德豪的头，毫不吝啬地称赞他："不愧是我的儿子，非常棒。在花钱方面你比我想象中要精明得多。"

花大俭非常高兴，在承诺的5万奖金的基础上，又多给了5000元作为奖励。

经济基础雄厚的花德豪最后和花小慎结了婚，并且过上了幸福的生活。

"哇，那么花德豪就是花好了1500块而得到了55000块啊？"

钱小妹感叹道。

"就是啊。更何况，说不定就是那种精打细算的品质打动了花小慎。这可是无法用金钱计算的巨大收益。"

"那花德渊怎么样了？"

"花德渊？花德渊那天因为拉肚子跑厕所。没能参加花小慎的生日宴会。"

"怎么会这样？"

"而且他没有衬衫，没有腰带，没有领带，只有燕尾服和皮鞋，哪儿也去不成！他就以学习为借口待在了家里。"

"那后来他在家干什么了？"

钱小妹好像是来了兴致，向爸爸连续发问。

"花大俭不是说过没有通过考试的人要在家劈柴嘛。所以他整天劈柴、做饭什么的。而且他还时常自言自语地说：'花德渊是傻瓜，花德渊真是个大傻瓜。'"

钱小妹听到"花德渊是傻瓜，花德渊真是个大傻瓜"，开心得咯咯笑起来。

爸爸接着问钱小妹："钱小妹啊！你知道爸爸为什么讲这个故事吗？"

"知道，您是想说理性消费吧？"

"是的是的。理性消费是指……"

钱小妹没等爸爸说完，就抢着说道："花最少的钱买到最有用、最称心的东西！然后我们就会得到意想不到的快乐！"

"哈哈，真不错。懂得举一反三啊。"

"'举一'还顺带'反三'，这样才划算啊。嘻嘻嘻！"

吃完早饭，钱小妹为了实践理性消费，和爸爸妈

妈一起去了批发市场。妈妈有点丈二和尚一时摸不着头脑，正疑惑钱小妹怎么不去百货商场了，钱小妹马上就说了："唉，妈妈我可不是'花德渊'！"

看到钱小妹懂事的样子，爸爸欣慰地笑了。

谁是消费者？

　　经济活动分为三大类：生产、消费、分配。

　　生产是指制造可以在市场上进行买卖的商品；消费是购买和使用生产出来的商品；分配是指参与生产活动的人共同分享利益。其中，我们主要从事的经济活动是消费。买学习用品、下馆子等都属于消费活动。参与消费活动的人被称为消费者。我们每一个人都是消费者。

为什么要进行理性消费？

　　我们不能随心所欲地购买心中想要的东西。一是因为我们买东西的资金有限，二是避免造成社会资源的浪费。在资金有限的情况下，获得最大限度的生存、生活满足，就需养成理性消费的习惯。

如何进行理性消费?

　　我们必须做出取舍,才能实现花最少的钱获得最大的满足。这就需要我们尽可能避免冲动消费,只购买最符合我们消费目的的东西。如果在相同的价格条件下,我们应该选择更能满足自己客观需求的商品;如果在相同的满足条件下,我们应该买更便宜的商品。我们通过对比花德渊和花德豪所花的钱,就可以很容易地看出理性消费的实际做法了。

目的	花德渊	花德豪
知识	书架200元	书架50元、书250元
社会生活	燕尾服800元、皮鞋300元	夹克、衬衫、牛仔裤、皮鞋1000元,生日礼物100元,约会经费100元
冲动消费	午餐、零食200元	

　　花德渊和花德豪同样拿了1500块钱,进行了相似目的的消费。但是两人购买的东西和随之而来的满足感却有很大的差别。花德渊买不到与目的相符的东西,只是冲动地吃了零食而白白浪费掉了手上的钱,相反,花德豪则是把手上的钱花到了实处,既实现了消费目的,又最大限度地提高了满足感。

第6章

广告是好是坏？

广告是宣传商品价值的手段。

但有时候广告本身也会产生商品价值。偶像代言的运动鞋、明星代言的衣服都是如此。这个充斥着广告的世界，推动着我们的消费欲望。冷静判断商品的价值需要消费大师的智慧！

超级舞者鞋和馒头鞋

　　面对妈妈买的运动鞋，钱小弟的心情真是好不起来。

　　"哼，这也能叫运动鞋吗？现在谁还穿这种鞋子？"

　　钱小弟蹲在屋里盯着运动鞋看。虽然这双鞋也算结实漂亮，但是就是不能让钱小弟满意。因为这不是电视广告里出现的那种鞋子。钱小弟想要一双电视广告上的运动鞋。

　　"只要穿上，我也是超级明星！穿上这双运动鞋，跳什么舞都比别人酷！"

钱小弟想穿的鞋子是最近最火的偶像团体"大爆炸"代言的"超级舞者"鞋。

钱小弟的同学承俊和宰弘在广告一出来的时候就买了超级舞者鞋。

"这就是超级舞者鞋，电视广告里的那双！非常酷，对吧？"

钱小弟的朋友们热衷于电视广告上出现的任何商

品。衣服和学习用品的好坏都是依据电视广告来做判断。钱小弟和他的朋友们都有着相同的想法。所以运动鞋也坚持要买广告中出现过的。钱小弟有一个计谋，他没有告诉任何人。这个计谋就是钱小弟为了得到那双超级舞者鞋，他甚至把原来那双穿得好好的运动鞋给弄坏了。他故意把鞋帮踩在脚下当拖鞋，或者脱下来在墙上刮蹭，直到鞋子坏掉。但钱小弟没想到自己的计谋最后失败了。因为妈妈以价格太贵为由，拒绝了钱小弟要买超级舞者鞋的要求。

"妈妈肯定是讨厌我才不给我买的。我都这样求她了，她就只知道说我浪费。"

钱小弟越想越难过，委屈得不得了。

"钱小弟！你在干什么呢？爸爸回来了。快出来！"

房间里传来了钱小妹的声音。但是钱小弟假装什么都没听见，躺在床上，假装睡觉。过了一会儿门开了，爸爸进来了。

"钱小弟，你睡了吗？爸爸买来了好吃的炸鸡。"

要是在以前，钱小弟会欢呼雀跃，但是今天他完全不为所动。

"钱小弟好像很生气啊。我都从妈妈那里听说了。事情一码归一码，你就这样躺着也解决不了问题呀！如果你不喜欢那双运动鞋，那我们就换一双。"

听说要换运动鞋，钱小弟一下子就醒了过来，立刻坐了起来。

"真的吗，爸爸？你真的要给我换吗？"

"你这家伙原来没睡啊？好了，快出去吧。姐姐快把整只鸡都吃掉了。"

"运动鞋，爸爸！"

"好的好的，知道了。吃完炸鸡咱们再出去逛逛。"

钱小弟和爸爸一起来到客厅。客厅里，妈妈和钱小妹正在边看电视边吃炸鸡。刚好就在这个时候，大家在电视上看到了钱小弟想要的运动鞋的广告。

"爸爸！就是这个！很帅吧？如果我穿上这双鞋，我就会像广告里面的哥哥们一样帅气。"

钱小弟跟广告里的人一样兴奋。

"好酷啊。这个广告做得很好嘛！"

"当然了。我们班上的同学们都很喜欢这个广告。

我们还约好了要穿着超级舞者鞋一起跳舞。"钱小弟跟唱广告中的歌，还跳起了舞，一家人都笑了起来。

一阵笑声过后，爸爸问："可是钱小弟，你知道商家为什么要做广告？"

"什么？你问为什么要做广告吗？"

爸爸的提问突如其来，钱小弟从来没想过这个问题，不停摇头。

"我们看电视的时候，不是经常会跳出来很多有趣的广告吗？那我问问你，知不知道为什么有这些广告，是谁打的这些广告？我们只有了解一些关于广告的基本知识，才能帮助自己买到真正喜欢的鞋子。"

钱小弟一听说这对他买鞋子很有帮助，马上就把耳朵竖了起来。

"为什么打广告？要知道这一点，首先要知道企业为什么制造产品。你知道企业制造产品的目的吗？"

"当然是为了卖出去。"

"没错。企业之所以制造产品，就是为了能把它们卖出去赚取利润。要做到这一点，那就需要推广自家的产品。因为只有人们知道了这些产品是什么、有什么优点、自己为什么需要时，他们才会花钱购买。将企业生产产品的信息传播给消费者，这是广告的最大用处。"

"那么广告的作用就是把生产者和消费者连接起来！"一旁的钱小妹瞪大了眼睛说。

"是的。企业可以通过广告宣传他们生产的商品，消费者可以通过广告获得关于他们需要的产品信息。但你不能一股脑地就盲目相信广告告诉你的信息。"

"什么？为什么不能相信？"

钱小妹和钱小弟异口同声地问。

"那是因为广告最终是以销售产品为目的的。企业通过广告宣传有关商品的信息，最终也是为了销售自己的产品。因此，大多数广告更注重吸引消费者，而不是准确提供可靠的商品信息。这也是为什么报纸和电视广告中会出现那么多的明星代言。"

"确实，看广告时真的有很多明星出现。"钱小妹点点头说。

"这都是为了吸引人们的眼球。人气明星出现时，人们更容易关注到广告，对吧？尤其是儿童和青少年，他们会模仿自己喜欢的明星，所以也会自然而然地想买他们代言的商品。怎么样，孩子们，我说得对吗？"妈妈在一旁补充道。

爸爸听了微微一笑。

"我觉得在这一点上钱小弟比我们的体会更加深刻。怎么样，钱小弟？你不就是因为看到广告中你喜欢的唱跳歌手穿了那双运动鞋才萌生了购买的念头，对吗？"

"是的。如果广告中没有他们，我就不会像现在这样想要买那双鞋了。"

爸爸点了点头，对钱小弟坦率的回答表示肯定："那么这个广告就是一个巨大的成功。因为它打动了人心，让人产生了买产品的想法。这样看来，厂家付给这些歌手的巨额代言费也算值了。"

"大爆炸的哥哥们啊，他们说自己代言那个广告，获得了50多万的报酬呢。"

"真的吗？一下子赚这么多钱，他们肯定很开心。企业也可以如愿以偿，卖出去很多产品，所以企业也很开心。但是真正购买产品的消费者或许就没有那什么好的心情了。"

"为什么？"

"因为我们是消费者啊，实际上最后是我们承担了广告费用，其中包括明星代言费、广告片的策划费，还有在电视或其他媒体上的投放费，而这些广告费用的数额都很大。"

"问题是，广告的费用都包含在商品的价格里面。所以做广告的产品就一定会比不做广告的产品贵。广告既然是生产厂家为了卖产品而投放的，那就应该厂家承担这些费用，但是到头来广告成本却都落到了消费者的头上，这怎么想都好像不太对劲，不是吗？"妈妈对爸爸的解释进行了补充，并且声音有点激动。

"所以消费者就应该，打起十二分精神，擦亮眼睛。不能认为广告上的东西就一定是好的。也有很多产品物美价廉，即使是不做广告，品质也是相当好的。"

"说的对！我们也应该摒弃沉迷于广告的习惯，避免自己在没有必要的情况下冲动消费。广告只能作为商品信息的一种来源，要仔细比较质量、价格和必要性，这样才能进行正确的消费。"

"如果这样理性的消费者多了，企业也会更关注商品的质量和价格的合理性，而不是光靠广告来吸引人。厂家可以把广告的成本花在商品质量的提升上，或者主动降低价格，这对消费者来说是件一举多得的事情。"

爸爸妈妈两个人一唱一和，说得兴致勃勃。钱小妹看他们这副起劲的样子觉得很有趣，钱小弟的心里却是不大痛快。

因为爸爸妈妈说的"消费者"就是钱小弟本人。

"现在这个世界，消费者要化身成为消费大师才行。你看那些广告，要多有趣就多有趣，要多华丽就多华丽。这证明越来越多的广告大师正在熟练地利用人们的好奇心和虚荣心来制作广告。广告大师们的功夫不知道有多高深，消费者一不小心就会被广告迷住，不会在乎质量和价格怎么样，脑门一热想都不想就下单购买了。"

"再怎么厉害的广告大师到我这里也行不通吧？我精打细算的能力一流，可以称得上是顶级消费大师了。"

听到妈妈的话，大家都被逗得开心地笑了。

"哎呀，现在几点了？时间过得这么快。钱小弟，快走！鞋店要关门了。"

爸爸催促钱小弟，钱小弟却无动于衷。

"你在干吗？爸爸说他会给你再买一双运动鞋，不管你想买哪个明星代言的鞋他都给你买！"

"我有鞋，为什么还要买？从现在起，我也要成为消费大师。"

钱小弟的话引发了大家一阵欢笑。

经济放大镜

为什么要消费呢？

人会把收入的很大一部分用在解决衣食住行的问题上和享受生活之中。

这种在日常生活中发生的支出行为被称为消费。人们在职场中工作也是为了赚取更多的报酬以进行消费。当然，你可以存钱，用作储蓄的钱也可以看作是为了将来的消费而暂时节省下的现在的消费。

广告有什么效果？

广告是为消费而生的。商业广告最重要的目的就是刺激你的消费欲望，让你积极地购买商品。为了实现这一目标，制作广告的人投入了大量的资金，并且他们在制作广告的时候会时刻关注人们的想法和时尚潮流的动向。这样当人们看到精心设定做出来的广告时，就自然而然产生想要购买相关产品的冲动。

人们不自觉地想模仿广告中模特的行为，想喝广告中模特喝的饮料，想穿模特穿的鞋子，想用模特使用的产品。同

时人们也会想要用广告上的产品向别人
展示、炫耀。

炫耀型消费有什么问题？

　　炫耀型消费是指为了炫耀和攀比而进
行的消费。

　　一些富人购买昂贵的产品，如高级轿车、钻戒和高级家
具，是出于炫耀他们在经济和社会方面比别人强的需求。这
种虚荣的消费行为还会传播影响到周围的人。炫耀型消费持
续扩散，穷人和富人之间的抵触情绪也会增强蔓延，社会随
之变得不稳定，国家的经济也会陷入危机之中。

第7章

银行拿钱来做什么？

存钱的方法有很多种。我们可以把钱堆在床底下，也可以把钱藏在地板底下，或者用带有几重锁的保险箱把钱锁起来。

但是最安全的方法其实是将钱存入银行。

银行不是简单的仓库，而是金融机构。

这个人因为心脏麻痹一下子被吓死了！如果他把钱存到银行，而不是埋在公墓里，结果会是怎么样？

钱小妹和钱小弟的"杀猪日"

"爸爸，我的小猪存钱罐都满了，再给我买一个吧。"钱小弟兴高采烈地摇晃着他的小猪存钱罐，笑嘻嘻地跑来告诉爸爸。

钱小弟喂猪的技能还真有一套！

"哇！小猪存钱罐这么快就满了呀。"爸爸看着钱小弟欣慰地笑了笑。

从去年夏天开始，钱小妹和钱小弟每天早上都会给爸爸擦鞋，每个人每次能收到 2 块 5 毛钱的报酬。然后他们就把钱放到小猪存钱罐里。刚开始一点一点往里投钱的时候，大家心里想的是："这个小猪什么时候才能

被喂饱？"但是一眨眼的工夫，小猪存钱罐的肚子就被填满了。

"我们钱小弟这段时间一直都在踏踏实实存钱啊。那现在可以把猪交出来了。"

"把猪交出来？给谁？交到哪里？"钱小弟露出了惊讶的表情。

"别担心。我会把它交给银行的。"

"银行？"

"是的。我们得去银行开个属于钱小弟的存折。"

"咳，吓我一跳……"

钱小弟这才放心了，眼睛笑眯眯的。

"钱小妹的小猪还没填饱肚子吗？"

听到爸爸的话，钱小妹有点儿不知所措。因为钱小妹的小猪储蓄罐连一半都还没有满。钱小弟这段时间擦皮鞋，把从爸爸那里得到的钱老老实实地都攒了起来。但钱小妹只有一半的钱存了起来，另一半用来买零食吃。

"你在干什么，钱小妹？我得把你的也带去，这样我才能一起办存折。"

妈妈并不知道钱小妹的小心思，只是一味催促着钱小妹快点把储蓄罐拿出来。钱小妹犹豫不决，但是迫于无奈最后还是磨磨蹭蹭地把自己的存钱罐掏了出来，悄悄放在了爸爸面前。

钱小弟的小猪存钱罐首先被打开，里面的硬币呼啦啦地涌出来；钱小弟的心怦怦直跳。

"5毛、1块、1块5……"

钱小弟在一旁大声地数数，直到最后一枚硬币从爸爸手里掉下来。

"330块钱，妈妈，我存了330块钱哦！！"钱小弟兴奋极了，在屋里放声大喊，"哇！没想到会攒到这么多钱。谢谢你，小猪！"

该轮到打开钱小妹的小猪存钱罐了。爸爸摇了摇钱小妹的存钱罐，朝钱小妹笑了笑。

"看来钱小妹的猪在减肥呢。"

钱小妹的小猪存钱罐肚子瘪瘪的，也被放上了手术台，这段时间吃到的硬币都被掏了出来。

"哎呀？就这些吗？"

钱小弟呀着嘴在旁边煽风点火："150块钱。可惜这头小猪没有遇到好主人，好像没吃饱饭饿了肚子一样。"

这时钱小妹感到无比后悔。以前每当钱小弟把收到的钱一分不差地存进小猪存钱罐的时候，钱小妹都会想："我也就拿出一点点，就买一个冰淇淋吃，从明天开始我也要把所有的钱存起来。"

她做梦也没想到，这种"小差距"会一天天累积起来，最后变成了这样的"大差距"。

"钱小妹今天应该从弟弟那里学到了不少吧？你是个聪明的孩子，爸爸不用多解释就知道了。对不对啊，钱小妹？"

"是的……"钱小妹用蚊子哼哼般的声音回应爸爸。

"明天和妈妈一起去银行把你们攒的钱存起来。"

钱小弟有些疑惑："好的。但是爸爸，银行拿我们的钱干什么？"

钱小弟每次路过银行都会留意到这个地方，但他不知道银行具体是做什么的。

"这个爸爸先不说，让钱小妹说说看。你在学校学过的，对吧？"

钱小妹听到爸爸的话，马上就松了一口气。她觉得也许这是给自己作为姐姐挽回面子的机会。钱小妹认真地告诉钱小弟关于银行的知识。

"首先，银行会对我们存入的钱进行安全保管。钱随身携带的话会有丢失或被盗的风险，所以我们会把钱存在银行里。这样等需要的时候我们可以随时取出来，这比放在家里要安全并且方便多了。接下来，银行把我们的钱借给资金不足的人，并且银行会向借款人收取利息，利息中的一部分会被银行分给存钱的人。此外，银行还可以帮人们汇款给远在他乡的人，替国家征收各种各样的税款，等等。对吧，爸爸？"

钱小妹希望得到爸爸的认可。

"是的，是的。银行是我们生活中不可缺少的重要场所。虽然钱小妹和钱小弟手上小猪存钱罐中存款不多，但是银行通过积少成多的方式将众多储户的钱汇集成很大一笔资金。然后银行再把这一大笔钱借给企业和工厂的经营者，以帮助他们周转。不仅如此，银行还会贷款给个人。当个人为了买房子或交学杂费而需要一大

笔钱的时候，就可以向银行申请贷款。当然，银行也不是白白借出去钱，银行会收取利息作为贷款的回报。根据借出的金额和期限的不同，放款人会在一定程度上得到比借出去的数额要多的钱，这就是利息。利息是维持银行运转的费用，也会分给在银行存钱的人。"

爸爸说完了，妈妈又站出来补充："即使是很少的钱，在存入银行以后也可以在需要的时候把存的钱取出来，这就挺不错。不取钱的时候有利息，这是好事；同时能让银行开展贷款的工作，用自己的钱帮助别人，这也是好事。如果做生意的人都能把钱运用得好，国家的生活就会更加稳固。总而言之，如果你把钱存进银行，会有很多好事发生。"

"哇，我的钱能干那么多的事？这真是太棒了！"钱小弟笑嘻嘻地说。

"你们知道吗？就像钱小妹和钱小弟由爸爸作为家长进行领导、监督和管理一样，银行也有自己的家长。"

"怎么还能有这样的事？"

"那银行也有妈妈喽？"

钱小弟脸上一副难以置信的表情。钱小妹看上去也十分吃惊。

"哈哈！不是这个意思，我是说，银行上头也有领导、管理和监督它们的银行。"

"你是说中央银行吧？"妈妈忍不住帮爸爸解围。

"好吧，你们听说过中央银行吗？"

"中央银行？"钱小妹歪着头说。

"不知道！"钱小弟回答。

"每个国家都有一个中央银行，比如中国的中央银行是中国人民银行；韩国的中央银行是韩国银行；美国的中央银行是美联储。中国人民银行作用比其他普通银行更重要。钱小弟，我问你，你知道钱是从哪里来的吗？"

"嗯……工厂？不，银行！"

"是的。但是银行不止一两家，哪家银行负责发行货币呢？任何银行都可以吗？"

钱小弟摇摇头，突然之间又拍了拍手："啊！我知道了。"

"那你说钱从哪里来？"

"从一家造钱的银行。"

听到钱小弟的话，大家都露出了无可奈何的表情。

"钱小弟，把硬币拿过来。"

钱小弟从储蓄罐里拿了一个5毛的硬币。爸爸摆弄了一下，又把它还给了钱小弟。

"你看看硬币上写着什么？写着发行货币的银行也就是国家的中央银行"

"哦，明白了。钱是从中央银行来的。"

"不对吧，爸爸，银行会自己造钱吗？"

"虽然直接印刷和制作钱的地方是印钞厂，但是制作多少钱是由国家中央银行来决定，国家中央银行拥有货币的发行权，并履行制造和管理货币的职责。另外，它还有一个非常重要的作用，就是稳定物价。如果制造的钱太多，钱就会失去价值，导致物价上涨。那么，中央银行就要做好'银行的银行'这个角色了。"

"银行的银行？"

"一般银行与个人或企业进行交易，但中央银行只与一般银行进行交易。一般银行为应付客户提取存款需要准备的货币资金，叫做存款准备金。一般银行都把这些准备金存入中央银行。就像人们把钱存在一般银行一样。当银行缺钱或面临倒闭时，中央银行会借钱帮助他们。"

"哦，所以您说中央银行是银行的银行。"钱小弟点点头说。爸爸接着说："中央银行不仅是银行的银行，也是政府的银行。"

"政府的银行？"

"是的。中央银行管理税金等国家的资金，还向政府提供贷款。并且代表国家管理国际贸易所需的外汇。怎么样，孩子们？现在你知道银行和中央银行是做什么的了吗？"

"是的。但是银行做的事情太多了，听得我脑子都乱了。明天再解释一次吧。"钱小弟挠了挠头说。

"是吗？那你明天和妈妈一起去银行，在给自己办存折的时候，让妈妈再解释一次吧。亲爱的，你能给钱小弟解释清楚吗？"

爸爸的话引起妈妈的强烈不满。

"哎呀？你以为我不懂才不出声的吗？你说的这些我都知道，我只是不想打断你。换做是我，我会比你解释得更清楚，好吗？"

"哎呀，对不起。没认识到我老婆那么牛呢！呵呵呵。"

爸爸笑着对妈妈比了个爱心。

看到爸爸这副样子，妈妈又笑又气。

"好了，早点睡吧。明天我带你们俩去银行办理你们俩人生的第一张存折！"

"明天我们一定早早起床。"

钱小妹和钱小弟想到可以拥有属于自己的存折，心里就忍不住地兴奋。

"爸爸，明天还要擦鞋吧？"

"当然。"

钱小妹今天学到了很多关于银行的知识，想到明天就能拥有属于自己的存折，心里非常高兴，非常满足。

她暗暗下定决心："我也要积极地存钱，作为钱小弟的姐姐，我绝对不能落后！"

⌕ 经济放大镜

银行是什么?

　　银行是典型的金融机构。金融是指进行借款和贷款这类工作的经济活动。专门从事这类工作的机构叫做金融机构。

为什么需要银行?

　　无论是个人还是企业,并不是随时都有足够的钱花。

　　有时人们会遭遇没有钱的情况,有时人们又会有富余的钱而不知道用在哪儿。银行就这样把缺钱的人和有余钱的人联系起来,解决他们各自的烦恼,帮助人们活跃经济。

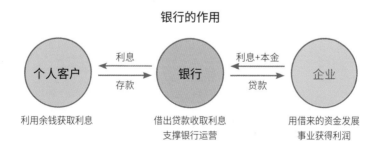

银行的作用

个人客户		银行		企业
	利息 → ← 存款		利息+本金 ← → 贷款	
利用余钱获取利息		借出贷款收取利息 支撑银行运营		用借来的资金发展 事业获得利润

IMF 也是金融机构吗?

国际货币基金组织〔IMF〕是为帮助世界众多国家的经济发展而成立的。

它是一个国际机构,一个向缺乏外汇的国家提供贷款的金融机构。1997 年 11 月,韩国经济陷入严重危机,向 IMF 借钱。这笔钱被称为 IMF 救助。当然,IMF 也不会白白借钱出去,和银行一样,它会收取贷款利息。

国家实施经济政策时也可能会受到 IMF 的干涉。例如,当时韩国实行了错误的经济政策,而导致要向 IMF 借钱,因此也要接受并实施 IMF 所建议的经济政策。与 IMF 类似的金融机构有国际复兴开发银行,也就是称为世界银行的 IBRD。

IBRD 主要为落后国家的经济开发提供贷款,与 IMF 相比,其特点是贷款期限较长。

钱小弟和钱小妹

社会中的经济

[韩] 金祥源 著　[韩] 李宇逸 绘　杨俊康 译

河北科学技术出版社

·石家庄·

어린이 경제 2(KID'S ECONOMICS 2)
Text by 김상원 (Kim Sangwon 金祥源), Illustrated by 이우일 (Lee wooil, 李宇逸)
Copyright © 2015 by BLUEBIRD PUBLISHING CO.
All rights reserved.
Simplified Chinese Copyright © 2023 by KIDSFUN INTERNATIONAL CO., LTD
Simplified Chinese language is arranged with BLUEBIRD PUBLISHING CO.
through Eric Yang Agency

因韩国和中国的国情差异，本册第五章和第六章做了修改。

版权登记号：03-2022-031

图书在版编目（ＣＩＰ）数据

钱小弟和钱小妹．社会中的经济／（韩）金祥源著；
（韩）李宇逸绘；杨俊康译．－－石家庄：河北科学技术
出版社，2023.9
书名原文：KID'S ECONOMICS 2
ISBN 978-7-5717-1700-1

Ⅰ．①钱… Ⅱ．①金… ②李… ③杨… Ⅲ．①财务管
理－儿童读物 Ⅳ．① TS976.15-49

中国国家版本馆 CIP 数据核字 (2023) 第 151977 号

有一天，我走在大街上，碰见一家三口在散步。这家人的小孩儿估摸着在上小学。

看着他们在夜色中漫步的样子，我心里感到十分温馨惬意。

他们家的小孩儿是个女孩子，她一直默默地，听爸爸妈妈讲话。女孩儿冷不丁问了一个问题："爸爸！什么是股票？"

女孩儿的爸妈好像什么都没有听见一样继续谈论着与股票相关的事情。女孩儿越发好奇，不断地发问，却迟迟没有得到爸妈的回应。后来女孩儿的爸爸妈妈好像有点不耐烦了，就把他们之间的聊天内容换成了别的话题。我想，女孩儿的爸爸妈妈不愿意回答孩子的问题，可能是因为他们觉得：像他们的女儿这么大的孩子，现在完全没有必要知道这些事情，即使回答了女儿也未必听得懂。但也有可能是因为女孩儿的爸爸妈妈想要给出一个答案，但又不知道该如何说起，就干脆不回答了。实际上，要想讲清楚股票是怎么一回事，确实不太容易，更何况是跟没有任何经济基本常识的小孩子来解释，那就更是难上加难了。不过，无论如何家长都不应该简单粗暴地忽略孩子的好奇心和求知欲。并且在当今社会，经济在我们生活的方方面面都产生着巨大的影响，因此我们面对经济有必要保持着时刻学习的积极心态。

创作这本书的目的，是想为大家答疑解惑，帮助大家过上理想的经济生活，营造一个良好的经济环境。大家在日常生活中经常会听到这样的词语——物价、股票、分配、税收、土地、住房、贸易等等，这些都是我们在谈及经济时会涉及到的重要因素。因此本书每一章内容的末尾，我们都会把重要的经济概念整理出来，并且向读者们解释那些我们在故事中提及、但没有完全展开的知识要点。

经济非常重要，它左右着我们家里家外的生活，如果说它全方位影响着我们的生活，也不为过。正是因为我们的国家和我们的家庭拥有了一定的经济实力，大家才能上学、才能吃饭。如果我们的经济出现了问题，国家就会变得软弱无力，人民的生活也随之变得艰难。正是由于经济对我们的生活有着巨大的影响，我们才需要对经济给予更多的关注。与其只是单纯地了解一些经济知识，我们更应该学会保持一种积极向上的生活姿态，去思考、去寻找能让所有人都变得更快乐更幸福的经济生活模式。希望各位小朋友在读完这本书之后能有所感悟，在未来行动起来让国家的经济更加健康、稳定地发展。

金祥源

人物介绍

钱小妹

小学五年级女生，钱小弟的姐姐，热心善良，做事干脆利落，但时不时也会表现出虚荣和懵懂的一面。

钱小弟

小学三年级男生，钱小妹的弟弟，虽然平时马马虎虎，有些迷糊，但是一旦确立了目标，就会展现出认认真真、满怀热诚的一面。

爸爸、妈妈

钱小妹和钱小弟的父母。为了给孩子们灌输正确的经济观念，他们不厌其烦、耐心地讲解各种经济知识。

乐雅、弘林、民川

钱小妹的同班同学，每个人性格不同，家庭情况也不一样。

乐雅妈妈

钱小妹朋友乐雅的妈妈，热衷于炒股，心情随着股票价格的涨跌像过山车一样大起大落。

邻居大伯、邻居小叔

兄弟俩住在钱小妹和钱小弟的隔壁，分别经营着从父亲那里继承的机器人工厂和玩偶工厂。

悠悠、老人

悠悠是云神的儿子，因为好奇而来到大地上游玩。老人向悠悠讲述了现实中土地的分配和使用情况。

磨蹭大王、勤快大王、憨憨大王、凄凉大王

传说中最早开始国际贸易的四个国王。

目录

第1章

物价为什么会像跷跷板一样上下波动？

经济活动中有两种心态，一种是消费者购买产品的心态，另一种是生产者售卖产品的心态。这两种心态在市场上相遇了。

想要买到便宜价格产品的消费者，和想卖出高昂价格的生产者，他们双方骑在同一个跷跷板上，上上下下，来回颠簸。两者在市场上进行着一场供求关系的激烈拉锯战！

这个卖多少钱？那你先开个价呗？

和爸爸一起玩跷跷板

"嗯，啊，睡得真好！"

今天是星期一，钱小妹睡了个懒觉。刚醒来的钱小妹向天空伸展双臂，夸张地伸了个懒腰。你可能会问，这都星期一了，怎么还能睡懒觉呢？实际上，今天可是一个非常特别的日子。今天，是暑假快乐生活的头一天！所以钱小妹决定，今天这一整天，要像小时候一样在游乐场里尽情地玩耍。

匆匆忙忙地吃完早午饭，钱小妹和钱小弟就一起出发去了游乐场。来到游乐场，他们发现这里已经来了很多同龄的小伙伴了。大家不顾炎炎夏天里的热辣阳光，欢快地跳呀跑呀，在地上蹭起了白花花的尘土，都要玩疯了。

不知不觉已经快到吃晚饭的时间，小伙伴一个接一个地回家去了，游乐场里只剩下了钱小妹和钱小弟。

钱小弟忽觉不对劲，说道："小朋友们都走了呀！"

"你从始至终就光顾着玩了，怎么现在才发现。我们也回家去吧？"

"不，不要这么早回家嘛。我要多玩一会儿再走。"

"好吧。看在今天是暑假第一天的份上，就让你多玩一会儿。钱小弟，我们一起来玩跷跷板吧？"

"可以，但你不要玩着玩着中途跳下来哦。知道了吗？先答应我！"

"好的。约好了，我们拉勾！"

两人用小拇指拉勾，然后认认真真用大拇指盖章。

原来，就是在不久前，钱小妹和钱小弟玩跷跷板，钱小妹在游戏的中间突然跳了下来，于是钱小弟就"砰"的一声跌到地上，摔了个屁股蹲儿。钱小弟的屁股疼了好几天！

"哎呀！姐姐你太重了，我这边都快要飞到天上去了，真没意思。"钱小弟在跷跷板上不停地发牢骚。

"那么，爸爸可以来帮你吗？"突然，钱小弟的背后传来了爸爸的声音。

"哇，是爸爸啊！您什么时候来的？好吧，请您快来帮帮我。"

于是，爸爸坐在钱小弟的后面。而这一次，就轮到了钱小妹被高高地挂在天上了。

"爸爸，你那边太重了，我都下不来了。"

"那让钱小弟去姐姐那边试试看看。"

钱小弟赶紧从他那边的位置下来，坐在了姐姐的后面。但是，就算是两个对一个，钱小妹和钱小弟仍然被翘到了空中。

"唉哟，爸爸真是太重了。"

"嗯？我真的有那么重吗？那么，让爸爸先来调整一下重心吧！"

爸爸呵呵一笑，将屁股往前挪了一节。这时跷跷板开始"咚咚咚"地摆动起来。

钱小妹坐在跷跷板的另一端对爸爸说："爸爸，你的生日不是快到了吗，我决定和妈妈一起给爸爸准备生日宴。"

"我们的钱小妹真了不起啊，都开始想着帮妈妈忙了。那我现在就开始期待了！"

钱小弟看见姐姐钱小妹受到了表扬，也赶紧说："爸爸，还有我呢，我会照着爸爸的脸画一幅画，然后镶在相框里，把它当作生日礼物送给您。怎么样，您会喜欢的吧？"

"哦，好呀好呀，我也很期待你的画像啊！但是可不能把我画成大肥猪哦！钱小弟应该不会这样做的，对吧？呵呵呵呵。"

爸爸很喜欢两个孩子的用心，所以心情一下子就变得特别好。

"但是刚才妈妈盘算着怎么准备生日宴，一边在计划一边好像很担心呢？听妈妈说物价上涨了很多，她都不太敢去市场采购了。那为什么价格不能一直固定不变，而是会上下浮动呢？"

"没错。我对这个问题也很好奇。"

"如果想知道这些，那么我们最好先了解一下供求关系……钱小妹，你觉得跷跷板什么状态下最好玩？"

钱小妹仔细想了想，回答道："嗯……跷跷板呢，似乎有一种想要达到平衡的固执劲儿。它总会向更重的人倾斜，但实际上，我们如果要玩得开心，就要注意让跷跷板的两端重量大体相等。"

钱小妹一边说话，一边努力往下蹬脚。

"钱小妹的观察力怎么那么厉害！是的，就像钱小妹说的一样，跷跷板只有在两边重量达到平衡的时候，才能好好地发挥它应有的作用。这就是跷跷板的原理。我们可以这样理解，市场经济最基础的供求关系也和跷跷板的原理相类似。"

"供求关系？"

"是的，供求关系决定了商品的价格。"

"哦？产品的价格不是应该由生产的成本和制造者获取的利润所决定吗？"

钱小妹脸上显露出了疑惑不解的表情。

"它们可以说是决定价格的基本要素，但是要想进一步对商品的价格进行适当调节，就得依靠供求关系来发挥作用了，而供求关系与跷跷板的原理很类似。"

"爸爸，到底什么是需求和供给呀？"钱小弟一脸不解，继续向爸爸发问。

"需求是指人们想要购买某种产品的意愿。供给是向人们供应想要的商品，换句话说，就是把商品推向市场的行为。如果钱小弟想买帅气时髦的衣服，那他的这个消费愿望就可以看作是需求；而摆在商店里的，可以满足钱小弟消费愿望的那些产品，就可以看作是供给。
商品价格是由需求和供给之间的关系确定的，如果两者
中的任何一方多了或少了，商品价格就会打破平衡的状
态，开始上下波动起来。"

　　"爸爸，这理解起来很难啊。给我们解释得再简单
点儿吧。"

　　"好吧，那我们都先从跷跷板上下来吧。"

价格的上升

钱小妹和钱小弟从跷跷板上下来，并排站在爸爸旁边。"现在看这个跷跷板是平衡的吧？那么让我们假装把钱小弟当作是供给，把钱小妹当作是需求。两个人分开两头坐一下。"

钱小妹和钱小弟分别在跷跷板的两端刚刚坐好，跷跷板就向钱小妹的一边开始倾斜。

价格的下跌

"好了，我们看到钱小妹那边所代表的需求端倾斜下来了是吧？想想看，如果购买商品的人比供给的商品多，那会发生什么呢？"

钱小妹马上抢答："为了能让自己得到这个产品，我会愿意花比别人更多的钱去购买它。"

"对，就是这样。这种情况之下就会引发相互竞争，从而导致价格上涨。也就是根据需求的多少，价格会发生或高或低的变化。相反，需求也会随着价格的变化而变化。如果价格下降变便宜，购买产品的需求就会增加，如果价格升高变贵，需求也会相应减少。这被称为需求法则。这次让我坐在钱小弟的后面怎么样？爸爸现在就被当成为了满足人们的需求而额外增加的供给。"爸爸一边说着，一边跨到了钱小弟后面的位置上。

"唉呀，爸爸，现在换我升上去了。"钱小妹挂在跷跷板的末端，一个劲儿地晃荡着自己的双腿。

"这就是供给极度大于需求的情况。供给的商品非常多，但是没有人愿意购买，那么价格会出现什么样的变化？"

"嗯……没有那么多人愿意购买，同时供给的东

西又很多，这时为了能把产品卖出去，我想可能会选择降价出售。"

"是的。那如果价格下降的话，供给又会有怎样的变化？"

"如果价格便宜的话，那么产品即使卖出去了也没有什么利润可以留下，那市场大概会把供给减少吧，而当它再涨价的时候，就又会余下充裕的利润空间，这时候人们应该又会增加供给了。"

"是的，这种情形我们就称作是供给法则。"

钱小弟看到钱小妹受到爸爸的表扬，也不甘示弱，表现出一副什么都懂的样子跟爸爸说："爸爸，那这样看起来供给更多的情况更好啰？因为价格会便宜，对吧？"

爸爸一边摸着得意扬扬的钱小弟的脑袋，一边说道："刚开始可能是这样的。但是钱小弟，我们再仔细地想想看，如果大家都盲目降价就为了把产品销售掉，那结果会变成什么样？产品的价格如果比生产时投入的成本还要低，那么制造的产品越多，遭受的损失就会越大。这样一来，企业就要被迫关门，不能再继续生产下去。"

"哦，原来是这样的呀？"钱小弟不好意思地挠了挠头。

"最合理的情况，应该是在供需平衡的条件下确定下来价格。"钱小妹总结道。

"说得对，钱小妹这里理解得很好啊。那么让我们来重新整理一下吧！也就是说商品的价格最基本的是根据材料成本、制造者的劳动力成本和供给者的利润来决定的。但除此之外，需求和供给也会对价格产生很大的影响。也就是说，当需求和供给相互之间经历过多次你来我往、升升降降之后，再次达到了供需的平衡，这时的商品价格才会体现出合理性。如果只是存在单方面的一味增多或者一味减少，商品价格就会过高或者过低，导致经济不稳定的情况出现。而就是这种像跷跷板一样来回变化的供求关系，我们可以将它称作是市场经济的基本原理。"

"原来是这样，我明白了。但是，爸爸，你打算把我挂在天上多久呢？"

"哈哈哈！我只顾着回答你们的问题，完全忘了你还在上面了。"

"唉哟，爸爸……"钱小妹噘着嘴嘟囔。

这时候妈妈不知道从哪里走了过来。

"唉呀，不是说要带孩子们回家的吗？你这人怎么还和孩子一起玩儿上了呢？你得给我说清楚到底怎么回事！"

妈妈在家等得不耐烦了，十分生气，说话时还狠狠瞥了爸爸一眼。

"这是放假的第一天，我陪他们玩一会儿，这是应该的嘛。"

听到爸爸毫无说服力的解释，妈妈被气笑了。

"你们三个赶快回家吃饭。"

"唉哟，妈妈。再多玩一会儿吧，好吗？"

"晚饭每天都吃，一天不吃也没什么大不了。"钱小妹和钱小弟就像是约好了似的，想法完全一致。

"是吗？那你们可别后悔。今天晚饭没有了！"

"好嘞！"钱小妹和钱小弟大声地回答。但是刚一说完，钱小妹和钱小弟的的肚子里传来咕噜咕噜的叫声。

"妈妈，我们是没什么大不了，但是这肚子好像是受不了。"

爸爸妈妈被钱小妹逗得哈哈大笑了起来。

一家人的笑声伴随着晚霞，一起把天空都染得通红通红的。

经济放大镜

什么是通货膨胀？

当需求和供给达到平衡的时候，物价就保持合理且稳定。

一旦商品的供给不能满足人们的需求，物价就会开始上涨。因为即使知道商品短缺，需要支付更多的价钱，人们也仍然想要购买。这种商品的供给不足，引起物价持续上涨的现象被称为通货膨胀。长期的通货膨胀可能会导致国家经济陷入严重的危机。

通货紧缩又是什么？

通货紧缩是一种与通货膨胀刚好相反的现象，指的是市场上的商品供给要比人们的需求多的情况。这种情况下，如果商品持续过剩，物价就会下降。而这并不是一件好事。通货紧缩通常是由于经济不景气，消费者失去购买商品的欲望而导致的经济现象。

通货紧缩也会使国家经济陷入到危机之中。

当通货膨胀发生的时候，我们会怎么样？

物价不断上涨，而货币不断贬值。

人们不愿意存钱，并有意囤积商品。

银行不能把钱借给企业。

企业为了降低成本，扩大裁员。

失业增多，家庭收入减少。

当通货紧缩发生的时候，我们会怎么样？

物价虽然一直在下降，但是商品还是卖不出去。

企业不再制造产品。

企业不向银行借钱，减少用工。

失业增多，家庭收入减少。

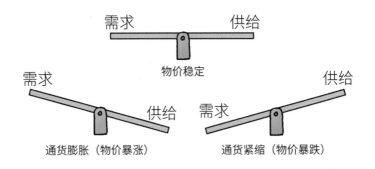

第2章

股票真是变化无常!

无论是遭遇强风而坠落的鸟儿,还是放飞在天空中的纸飞机,只要有翅膀,就有重新起飞的机会。

但是股票可没有翅膀,如果它一直下跌可怎么办?

跌荡起伏的股票价格让妈妈的心不断提起又放下,摇晃得像坐海盗船一样。

难道就没有只涨不跌的股票吗?

乐雅妈妈的苦恼

钱小妹去乐雅家玩了。

"乐雅，我们来玩吧。乐雅，我们来一起玩吧！"

钱小妹喊了几次乐雅，她这才出来。

"唉呀，钱小妹，你怎么了？什么风把你给刮来了？"

"我一个人待着无聊得很。"

"那太好了。我正好也很无聊。"

乐雅带着钱小妹进了屋。

"你妈妈去哪儿了？"

"嗯，她说去一趟证券公司，然后就出门了。"

"证券公司？"

"最近我妈妈总是去证券公司，风雨无阻。就算我粘着她，要她陪我一起玩，她也不答应，而且跟我说'哪里都不如证券公司好玩！'"

不过，多亏乐雅的妈妈不在家，钱小妹和乐雅才可以撒了欢地玩儿。她们先是在乐雅的房间里把乐雅的玩具都玩了个遍，又在整个房子里玩起了捉迷藏。玩得特别投入。

轮到钱小妹去捉乐雅。为了找到乐雅，钱小妹在屋里东搜西搜。

就在这时候，乐雅的妈妈回来了。还带着满脸的怒气。

钱小妹向乐雅妈妈问好，但是乐雅妈妈不仅没有收敛怒容，反而大叫起来："唉呀，我说孩子们，你们到底在干什么呢？乐雅又跑到哪里去了？乐雅！乐雅！"

"妈妈，我在这里。"乐雅从卧室的衣柜里小心翼翼地探出头来。

"你在那里干什么呢？还不马上给我出来！"乐雅

妈妈狠狠地训斥道，"你不学习，在这里做什么？"

"我今天学习好一会儿了，钱小妹来找我玩，我们就玩起了捉迷藏。"

"满屋子里玩什么捉迷藏？就算玩也应该在你的房间里安安静静地玩。女孩子家家的，满屋乱窜地捉迷藏？太不像话了！"

"女生难道就不能玩捉迷藏吗？我就觉得玩捉迷藏还挺有趣的啊。"乐雅嘟着嘴说。

"你还顶嘴？你觉得你自己做得很对啰？你还不快点回到自己的房间里去学习！"

"妈妈没话说的时候就会叫我去学习。我们老师可是说过的，学习又不是生活的全部。玩一会儿又能怎样。"

乐雅向妈妈撇了撇嘴，带着钱小妹走到了外面。

"你这样跟妈妈顶嘴没关系吗？"钱小妹小心谨慎地问。

"我也没说错啊，能有什么关系！待会儿回家我再好好向她道歉，让她原谅就行了呗。她过会儿就会自然而然地消气的，我们不用担心。"

"你妈妈为什么生气呀？我们也就是玩捉迷藏，又不是在房间里捣乱胡闹。"

"她不是因为我们生气的，你别在意。恐怕是今天的股票又跌了。哪天股票价格下跌了，哪天我妈妈就会变得精神不振。如果股票价格稍微上涨了，妈妈的心情又会变好。真不知道股票是个什么东西，能让人一天之内又哭又笑。"

一提到股票，钱小妹马上就竖起了耳朵："乐雅，你对股票了解多少？我家有个亲戚也曾经因为炒股赚了很多钱，但是后来又赔了很多钱，最后搞得破产。我特别想知道这到底是怎么一回事。"

"我也不是很清楚。就算问我妈妈，她也不会告诉我，而且她就只会说：'股票啊，就是像你们这样小孩子一样，一会儿高兴一会儿生气，善变得很！'说到这里，我其实觉得'一会儿高兴一会儿生气，善变得很'这句话更适合拿来形容我妈妈。"

钱小妹听到乐雅的话，心里偷偷地笑了。比小孩子还善变的大人，也太不靠谱了吧！

钱小妹忍着笑对乐雅说："乐雅，我爸爸应该知道股票是什么，我们去问问他吧？这会儿我爸爸应该已经回到家了。"

乐雅随口就答应了。可是，她跟着钱小妹刚走了几步，便反悔了："钱小妹，你还是自己去吧。我想我应该回去看看我妈妈，看看她是不是气消了。回头我也可以让我妈妈给我讲讲什么是股票。就这样吧，再见。"

说着，她就朝自己的家走去。

"这乐雅也太善变了吧！如果说股票也这样变化无常，那人们为什么要买股票呢？真是心中充满了疑惑、不可思议。"

不出所料，爸爸比钱小妹先到家。钱小妹迫不及待地向爸爸请教关于股票的问题。

"爸爸，股票是什么啊？"

"股票？你是说证券吗？"

"不是证券，是股票，股票！"

"人们所说的股票就是证券的一种。"

"是这样的啊？那么什么是证券呢？"

"证券就是一张纸片。"

"就一张纸片？您是在开玩笑吗？"

爸爸的回答让钱小妹听了十分泄气。爸爸看到钱小妹这样的反应，笑眯眯地说："虽说它是纸片却是一张很特别的纸片。"

听到这话，钱小妹的眼睛亮了起来。

"想象一下，假设我们钱小妹要成立一家公司。你有着出色的领导能力，能引领公司发展，脑子里也有绝妙的创意，能设计出深受人们喜爱的产品。成立公司的各种条件都具备了，但是就是没钱。"

如果姐姐把她的零花钱给我，我就把我的权利和地位给她！

"没有钱怎么开公司？"

"对呀！如果这样就放弃，会浪费了你宝贵的能力和创意，太可惜！所以就得开动脑筋想想办法：我们怎样才能得到钱开公司呢？"

"向其他人借不就行了嘛。"

"是的！但成立公司需要的可是相当大的一笔钱，不可能从一两个人那里借到所有的钱。于是钱小妹就决定，面向社会借钱。"

"我怎么能向陌生人借钱？不熟悉的人可是不会借钱给我的啊。"

"那么我们换一种说法，我们不是随便找个人借钱，而是去找想要把钱拿去投资的人借钱。我们根据每个人投资数额的大小，给他们相应的公司权利和地位。他们可以按照投资的份额，以后从公司拿走相应的利润收入，还可以参与公司的管理。也就是说，对钱小妹公司进行投资，投钱多的人就会享有更大的权利，而投钱少的人获得的权利就会比较小。"

"呀！我们真的这样做的话，问题就解决了。这样

嗯……你说我们可以向陌生人借钱吗？嗯……这可不是件容易的事啊……

他们借钱给你，相应地你需要给他们等价的回报？

也就是给他们权利和地位啊！

一来，我们就可以从陌生人那里借钱了。只要大家相信我的能力，相信我的公司会获得成功，那自然就会有很多人来投资我们公司。"

听到钱小妹的话，爸爸又笑了。

"但是我们还有一件事要做好。"

"什么呀？"

"那就是应该记得要赋予这些投资人相应的权利和地位。"

"这不是已经在口头上承诺好了吗？"

"如果你以后反悔了怎么办？人们是不会相信空口白话的。"

"那我们应该怎么办？"

"你可以给大家制作一张证书，作为承诺的凭据来保证人们在投资后所获得的权利和地位。这张证书也就是我们所说的证券。证券也叫股票，人们更习惯用'股票'这个称呼。持有股票的人被称为'股东'，股东投资公司的那些钱就被大家称为'资本'。"

"这么看来，股份公司就是指那些为了筹集资本而向人们出售股票的公司吧？并且人们买入了这些股票，就成为了公司的股东，对吧？"

"说得真对！买入股票其实就意味着投资了某家公司。例如，如果你买了一个公司500元的股票，你就等于向这个公司投资了500元。这样你就得到了与这个投资数额相对应的股权，也得到了与之相对应的权利。"

"是什么权利啊？"

"股东因为对这个公司投入了自己宝贵的金钱，也就有权利参与公司的管理和经营。在股份制公司会召开股东大会，召集股东们一起来决定某些重要的事项，股东参加股东大会也能影响公司的决策。万一碰到公司老板经营不善的情况，甚至说还能够把老板换掉呢。"

"哇！股东真有那么大的权利吗？"

"当然了！但是股东享有的权利与自己拥有的股份数量成正比，所以为了能对公司的决策产生足够的影响，手上就必须拥有公司很多的股份才行。拥有100手股票的人与只拥有10手股票的人相比，他可以发挥出更大的影响力。而如果一个人拥有了公司超过半数的股份，那他就可以直接参与公司的管理了。"一边听着爸爸的话，钱小妹一边想起了乐雅的妈妈。

"乐雅的妈妈是也想经营公司，所以才买的股票吗？我不知道她手上有多少股票呢。"

爸爸听了钱小妹的话，摇了摇头。

"也许乐雅的妈妈买股票的目的不是为了经营公司，而是为了赚取股票投资带来的利润。"

"这话是什么意思啊？"

"股东除了享有可以参与公司经营的权利之外，还有权获得公司留存的利润。也就是说，当公司获得利润的时候，股东们能按照自己股份的数额比例从公司获得相应的利润，这就叫做分红，但常常收到的数额也不

是很大。因此，人们买入股票的目的往往也不是为了分红，而是为了赚取股票交易盈利。"

"什么？股票交易盈利？"

"股票交易盈利就是指在股票价格便宜的时候买进股票，再在股票价格上涨的时候卖出，然后根据两者之间的差异获得收益的方法。比如股票在一元的时候买，等涨到两元的时候卖，那我们就赚了一元。但如果是相反的情况，我们就会损失一元，对吧？"

"股票价格也会有涨有跌？"

"当然了。乐雅妈妈说的'善变得很'，就是指股票价格了。股票的价格最初是公司规定的固定金额，但一旦出现在买卖股票的市场上，价格就会有涨有跌。"

"那为什么股票价格会出现涨涨跌跌的情况啊？"

"首先，发展稳定并且成长潜力巨大的公司，它的股票价格上涨机率就会大很多。因此人们更愿意在这样的公司里投资更多的钱。但是股票价格会受到所在国家的经济状况、政治状况，乃至世界经济状况的影响而出现相当大的波动。甚至天气、气候的变化，也会造成股票价格的上下浮动。不仅如此，根据供求规律我们可以知道，当买入的人增多，价格就会上涨，而当卖出的人增多，价格就又会下降。再加上投资人的意愿而造成的价格变化，股票真的是让人很难捉摸清楚。"

"真的善变得很啊。"

"就像小孩子的情绪，股票价格真的很难预测。一天之内就会有好几次的上涨跌落，让人高兴也让人发愁。"

"投资股票，每天都要那么揪心吗？"

"也不完全是这样。只看到眼前的交易利益而进行股票投资的人，也许整天都会紧张兮兮，但如果以长期投资公司的心态去做，心情就会变得舒畅许多。在选择公司进行投资的时候，必须非常慎重。要选择那些基础雄厚、有发展潜力的公司，不能选择外表光鲜、支撑不了多久就会倒下的公司。如果股票投资的公司倒闭了，那手上的股票就会变成废纸一张。"

爸爸刚说完，钱小妹就有了想法，想要再去乐雅家看一看。钱小妹是想着，一定要让乐雅的妈妈也知道这个重要的真相，不用整天为股票操心。

股票在哪里买卖？

股票可以像商品一样买卖，但不是随意什么地方都能进行交易的。

它们只能在国家规定的地方——证券交易所进行交易。证券交易所就像是我们买卖货物的市场一样，是一个专门买卖股票的地方。股票必须通过证券公司才能进行买卖交易。证券公司在证券交易所和投资者之间代为买卖股票。受投资者的委托，证券公司在证券交易所购买相应的股票，并且收取一定的手续费作为报酬以维持公司的运营。证券公司同时也可以自己投资股票。

股票如何买卖？

买入股票被称为股票投资。股票投资主要包括直接投资和间接投资。

直接投资是指投资的人，也就是投资者，直接在证券公司自己购买企业股票的行为。

　　相反，间接投资是指把钱交给机构由他们代为投资，以这种委托代理方式进行投资的行为。像上班族、家庭主妇、个体户等这一类进行股票投资的普通个体，我们称他们为个人投资者。而像银行、保险公司、证券公司、投资信托公司等机构单位，他们自己也进行股票投资，他们就会被称为机构投资者。与个人投资者相比，机构投资者可以用更多的钱买卖交易更多的股票，他们也有更强的技巧和能力来进行股票买卖交易，并从中获利。

　　因此就有不少的个人投资者愿意把钱交给机构投资者，委托机构进行间接投资。

　　而所谓的共同基金或股票收益证券，这些都是投资信托公司的产品，也就是间接投资的典型例子。

第3章

我们赚的钱去哪儿了?

工资收入应根据工作的时间长度和努力程度、能力经验和生产成果来进行公平公正的制定和分配。

但实际上,很多人并没有得到应有的工资待遇。虽然公司的资产越来越多,但劳动者的钱包却依然薄得可怜。有钱人变得更有钱,而穷人却变得更穷了。

那么我们的收入最终跑去了哪里呢?

很久很久以前有一个兔子村。
兔子们和睦地生活在一起，
制作年糕，相互分享。

但是有一天，问题发生了。
其中有一只兔子因为贪心
耍起了心眼。

兔子村一下子变成了乱哄哄的战场。
大家都不干活了，整天吵来吵去。

也不知道以后还能不能看到兔子
们好好舂年糕的样子了……

两兄弟交错的命运

　　这是一个悠闲的晚上。钱小妹一家人一边吃着水果，一边在看电视新闻。但是钱小妹妈妈看着看着，突然间大叫一声。

　　"哎呀，那个人不就是以前住在我们隔壁的大伯吗？大家还记得吧，之前我们隔壁住着一对兄弟，年长的我们叫他邻居大伯，年轻的我们叫他邻居小叔。"

　　爸爸听了妈妈的话，歪了歪头，仔细思索了一下："嗯……好像是有这么俩人。"

　　"那就没错！电视里的那个人就是邻居大伯！还住在这个小区的时候，他就已经心术不正了……"妈妈

呸着嘴说。

"对啊，妈妈，但是邻居大伯为什么上了电视啊？"钱小妹问。还没等妈妈回答，钱小弟突然指着电视喊道："姐姐，姐姐！那个大伯戴了手铐。哇，那家伙原来是个坏人啊！"

"住在我们隔壁的时候，邻居大伯看着就有点坏坏的。而邻居小叔呢，我记得是个心地善良的人。邻居小叔的工厂是生产洋娃娃的，去年圣诞节的时候，还给我们寄了一个呢。钱小弟你还记得吧？"

"记得啊，姐姐。邻居小叔可真是个好人。"

"但是我更想知道的是，邻居大伯为什么戴着手铐啊？"

钱小弟觉得很怪诞，平常他只在电影里看到手铐这种东西，而现在自己身边认识的人里居然就有戴上手铐的了。

"那看来之前的传闻是真的。听说他在经营玩具厂的时候做了不少的缺德事。看看，那是多少钱啊？他竟然逃税这么多钱，简直是胆大包天！"

妈妈震惊得张大了嘴巴。

"光想着为自己谋利而且又贪心无度的话，迟早会栽跟头的。但是我们毕竟还是在同一个小区里住过的啊，还真让人难过啊！"

钱小弟不太能理解爸爸妈妈刚才说的话。他不知道逃税是什么意思。

"爸爸，逃税是什么？"

"逃税就是人们没有缴纳原本应该向国家缴纳的税款。国家的公民之中无论是谁，只要赚了钱都是要交税的，不按规定纳税偷偷把钱抽走的行为就叫作逃税。"

"那邻居大伯是因为逃税被抓进去的吗？"

"是的。因为逃税是一种犯罪行为，犯罪就理所应当地要受到惩罚。"

"邻居大伯为什么要做这样的事？妈妈知道什么，快告诉我呗。我真的很好奇。"

钱小妹缠着妈妈问，于是妈妈就给她讲了这兄弟俩的故事。

邻居大伯和邻居小叔是一对兄弟，很早以前就和钱小妹家一起住在同一个小区里。两个人的母亲早早就去世了，是由父亲一个人把他们抚养长大的。他们的父亲经营着两家玩具厂，一家是生产机器人的工厂，另一家是生产玩偶的工厂。所以，兄弟二人打小就是在机器人和玩偶的包围中度过的。

邻居大伯小时候就表现出了自私、贪心的性格。即使自己的玩具多到玩不过来，他也不愿跟别人分享。他不仅是对朋友这样，连自己弟弟也一样，绝不允许弟弟拿或玩自己的玩具。所以他几乎没有什么朋友。不过，邻居小叔却很大方，待人热情有礼，小区里的大人们经常夸他。如果邻居小叔手里有玩具，他就会和朋友们一起来玩，别的小朋友如果想要，他也会很爽快地送给他们。

虽然是亲兄弟，但两个人的性格却大相径庭。

随着时间的流逝，他们慢慢都长大成人了，随之也迎来了父亲生命中最后的时刻。

"我年纪大了，陪不了你们多久了。你们从小没有母亲陪伴，不知受了多少苦。"

邻居小叔悲痛万分，哽咽着说："父亲，您说的这是什么话呀？反倒是您自己一个人都把苦头吃尽了。您一路以来为我们受了很多罪，也是多亏了您，今天工厂才能发展得这么壮大。"

"我这个人一辈子勤勤恳恳地干活，建了这么两家工厂。你们应该很清楚我这个老爹心里的念头吧？我一直以来经营着厂子，无愧于天地，总在努力过着正直诚实的生活。所以现在你们也要继承我的理念，要正直，要诚实。经营厂子的时候要留心，与自身的利益相比，你们更应该为社会和国家的发展做出贡献，时刻保持这样的心态去做事。"

"好的，父亲。"

父亲给他们留下这些遗言，不久就离开了人世。

按照他的遗愿，邻居大伯接手了机器人工厂，邻居小叔经营起了生产洋娃娃的玩偶工厂。

邻居大伯一接手机器人工厂就进行了大刀阔斧的改革。他一上来就是裁员。

"不是吧，这么小工厂怎么会有这么多的员工？我

要把所有没用的人都赶出去。只要把那些人的工资省下来，我成为大富翁也只是时间问题。"

结果，邻居大伯硬是让之前一直为工厂努力工作的员工走人，足足有一半的工人被裁掉了。但工厂的工作量却没有发生改变，还是和以前一样多。所以剩下的人就要顶上被辞退那部分人的工作量加倍工作，真不是一般的辛苦。

即便如此，工厂里的工人们还是按照邻居大伯的指示，老老实实地工作。他们以为他们的工作量加倍了，工资也会加倍。但是，邻居大伯只是让工人们拼命工作，却从来没有想过要给他们加薪。员工们虽然很不满意这样的老板，但是也没办法，只能按照邻居大伯的吩咐像机器人一样地工作。

邻居大伯一点都不在意工人们的情感，他更加热衷于考虑怎么样才能多赚钱。

"有什么办法能多赚点钱呢？"

邻居大伯叫了员工之中最聪明的人来问："唉，你说说看，怎么才能赚到更多的钱呢？"

"老板，现在我们工厂的情况非常困难。我们有很多产品要生产，但是员工太少了。与其让一个人全天完成一整项工作，还不如大家一起把工作拆开来分别完成，这样更有效也就更有生产力。并且请您把目光放长远一些，工厂得多招有能力的新员工。"

邻居大伯听了这位员工的话，却是不停地摇头。

"不是啊，你说的是什么话。你知道增加一个人要花多少钱吗？现在员工就已经这么多了，还要让我再招新员工，你听听你说的这些像话吗？我就当你没说过吧。"

邻居大伯的固执可是非同一般。他只顾眼前的事情，只要是为了自己的利益，他就绝对不会放下自己的执拗想法。

"那么老板，我们来提高现在产品的质量水平怎

么样？"

"我们的产品质量怎么了？"

"当然，这并不是说我们的产品就不好。但现在的情况是，其他公司都在努力研发当中，希望能制造出更物美更价廉的产品。如果未来他们产品出现在市场上，那我们的产品可能就卖不出去了。"

"那我们该怎么办？"

"我们应该建立一支专注于提升产品质量的研发小组，进一步提高产品的质量和性能。生产车间也是如此。我们应该用新的机器逐步代替我们现有的老机器。现在我们暂时可能要多花一些钱，但如果你试着考虑一下将来，这样做以后肯定会带来更多的利润的。老板，现在是时候把你赚来的钱再次投入工厂里了。"

邻居大伯听了工作人员的话，仔细想了想：要建立

质量改善研究小组，要引进新机器，
那肯定会花掉很多钱的呀。好不容
易赚来的钱，就一定要在这里花了吗？不行！我绝对不
能那样做。这钱花出去有什么用啊？我宁愿用这笔钱来
买块地。

邻居大伯没有听从工厂员工的话，而是把从工厂挣来的钱购买自己的土地、公寓和昂贵的轿车。

邻居大伯美滋滋地大把花着钱，脸上藏不住地高兴。

钱赚了，马上花掉，再赚了，就接着再花掉，然后感觉这钱好像永远都赚不够。邻居大伯对钱的欲望就像吹气球越来越膨胀。终于，贪得无厌的他走上了不法之路，不惜违反国家的法律来扩充自己的财产。

有一天，邻居大伯正在整理文件的时候，发现自己原来每年拿来交税的钱有那么多。

"你们这些强盗！这些都是我的钱，凭什么交出去给别人花。不行，我得找点办法。"

邻居大伯反反复复地琢磨来琢磨去，终于让他找到了少交税的办法。他的办法就是让工厂在申报企业利润的时候，把数额填写得比实际情况要少很多，然后只交那么一点点的税金。举个例子，假设有人赚了一万元，本来需要缴纳一千元的税款的，但是向政府申报的时候他填写自己只赚了五千元，那么他就只缴纳五百元的税款。税收规定，少赚少缴，多赚多缴。但利用这种特性，如果少填应该缴纳的税款，那就等于是转移了那部分原来应该作为税收缴纳上去的钱，并且把这部分的钱变成了自己的财产。

这样一来，现在邻居大伯就留下了比以前要多很多的利润。

与此同时，接手玩偶厂的邻居小叔秉承了父亲的遗愿，以诚实正直的心态经营工厂。

"怎么样才能办好工厂呢？我应该要好好地对待工厂的工人。都是多亏了工人们的辛勤工作，工厂才能发展成现在这样的规模。如果每个员工都建立主人翁的意识，把自己当作是这家工厂的主人来看待，那我们的工厂将来一定会成功的。"

想到这些，邻居小叔首先查看了一下工人们的家庭情况。紧接着，就在工厂的一边建起了宿舍，让生活贫困、没有住房的员工可以搬进来住。并且，他还资助他们的孩子，在学费上进行补贴。不仅如此，邻居小叔一直怀着感恩的心来对待员工，他总是想着怎样才能给员工创造更多的报酬，怎样才能让员工在更好的环境中工作。

邻居小叔用工厂的收益，给工厂搬进了更先进、更方便的生产机器，同时也改善了工作环境，让员工们可以安心舒服地工作。

邻居小叔总是考虑公平公正地分配工厂的收益。于是，工厂的气氛变得更加活跃、更加欢快。工人们感受到了邻居小叔的温暖用心，比以前工作得更认真更卖力了。

所有人都按照邻居小叔的想法认真执行，工人们把自己当作是工厂的主人，每个人都对工作倾注了热情，勤勤恳恳地工作。工厂制造出了更多质量更好的产品，销路也很可观，听说邻居小叔比以前赚得更多了。

邻居小叔还很认真地按时交税。他想的是交税越多，其实就越证明自己的工厂正在不断地向前发展，邻居小叔心里很高兴。

"以前厂里工作太忙，都没有机会服务社会，可是现在想到我们厂里上交的税款是花在了国家和社会发展的事业上，心里就轻松舒服多了。"

邻居小叔的玩偶工厂发展得越来越好，甚至还获得了国家颁发的模范企业奖。

就在这个时候，邻居大伯的公司遇到了一件大事——突然要接受税务审计。税务审计是国家对企事业单位和纳税人应缴税款依法进行的审核、稽查。至此，邻居大伯违法逃税的事情终于被揭穿了。

听完这个故事，钱小妹皱着眉头说："邻居大伯是因为太贪心才栽跟头的吧？"

爸爸点了点头。

"人们努力工作，我们就应该公平公正地支付报酬。这样才会使人工作更加努力更加认真。如果光是叫人工作得死去活来，但与之相对应的报酬却是不公平、不能让人满意的，那又会招来什么样的结果呢？人们的心里就只会充满抱怨和不满吧。然后大家就不会那么努力地工作了，他们的收入也就得不到提高，而最终公司也会因此而倒闭关门。当努力工作的劳动者不断增多，并且他们也可以得到公正合理的报酬时，企业和国家才会得到发展，我们也才会过上更幸福的生活。"

一家人听了爸爸的话，心里再次铭记了邻居大伯因为贪得无厌而受到惩罚的教训，要跟邻居小叔一样懂得分享，用长远的目光看待事物。

⌕ 经济放大镜

市场经济

钱小妹和钱小弟所在的国家是市场经济国家。人们用工作挣得的钱养活自己，同时也享受丰富多样的文化生活。在市场上可以随心所欲购买自己需要的商品。人们可以自由支配各自的财产，财产可以用于投资、抵押，也可以继承或转让。人们根据个人的素质和能力自由地选择职业。

市场经济体系的优点和缺点

在市场经济体系下，个人可以尽情发挥自己的才能，获得相应的报酬。因此，当大部分人都在从事有创造性、有积极意义的工作时，市场就繁华，社会就发展。但是，也会有少数人通过不合理的竞争获利，会有一些人唯利是图，崇尚拜金主义，自私自利。

贫富差距？

贫富差距被称为贫富不均、收入不公平等。贫富差距过大会造成犯罪率升高等社会潜在危害。对于社会的安全运行和健康发展是十分不利的。

如何创造一个和谐共存的世界？

富人和穷人之间的差距越大，社会就越不稳定。因此，许多国家都在努力缩小富人和穷人之间的差距。社会保障制度就是其中的一项措施，它是国家通过立法而制定的社会保险救助、补贴等一系列制度的总称。作用在于保障全社会成员基本生存与生活需要，尤其保障老弱病残孕和遭遇灾害、生活困难等特殊人群。

无论是富有还是贫穷，每个人都是社会的重要成员。除了依靠国家，我们每个人都要利用好各人宝贵的才华和能力，努力建造一个可以让所有人都能过上好日子的理想社会。

第4章

为什么国家要收税?

所有的公民每天都要交税。

爸爸的工资里会扣除一部分数额拿来交税,我们买零食的钱里也包含了税。

国家为我们做了什么呀,为什么要收各种税呢?

这其中的秘密,就是社会保障!

国家征收的税款,实际上就是为公民所用!

"税"让我们的妈妈成了明星。
但这个被称作"税"的
东西到底是什么？
我们为什么要纳税？
我们又应该在哪里纳税？

钱小妹的反抗

钱小妹放学后正走在回家的路上。

"嘻嘻嘻！钱小妹，今天怎么一个人回家呀？"

弘林张开双臂挡住了钱小妹的去路。弘林是钱小妹班里出了名的捣蛋鬼，同学里就数他最惹人烦。他还特别喜欢挑女孩子欺负，总是把心思放在搞各种恶作剧上。即使被老师教训了很多回，但弘林依然我行我素，没有一丁点儿要改掉自己坏毛病的意思。钱小妹眼前的这个人正是没安好心的弘林。

钱小妹冷冷地说："你这是干什么呀？"

"有我在，你就过不去！"

"你说过不去就过不去？是谁规定的？"

"我规定的。这是我家门口，你过去就得交过路税。"

钱小妹很无语。

"过路税？"

"大笨蛋，你不知道过路税吗？我说的这可是税呀。交税不是公民的神圣义务吗？所以如果你想从这里经过，你就得交税。"

"你的笑话可一点都不好笑。你有什么资格来收税？"

"看样子你是不可能掏钱啰？"

"对呀，我可付不起。你能怎么样？"

"你能打得过我吗？本来看你是个女孩子，还想放你一马来着。"

弘林就像要去揍人鼻子一样，冲了过来。如果像往常一样，钱小妹肯定会吓得瑟瑟发抖，但今天钱小妹可是憋一肚子气，于是鼓起勇气和弘林对抗。

"那我们就来试试看吧！"

"就这么点钱你都拿不出来吗？"

"不是拿不出来，而是不拿，不拿！"

"看来你今天是想挨打！"

"有力气就了不起了是吧？我倒要看看你想怎么打。我会跟老师一五一十地报告的。"

钱小妹和弘林争吵了一会儿，终于逮到了机会趁弘林没防备，钱小妹猛地推开弘林，向着自己家的方向撒腿就跑。幸运的是，钱小妹家就离这里不远，她最后安全地回到了家。但钱小妹的心情可是糟糕透了。

那天晚上钱小妹回到家，把刚才在路上发生的事情从头到尾都告诉了爸爸。

"钱小妹这就可以算得上是'抵制征税'啊。"

"抵制征税？"

"拒不缴纳非正当税款的行为被称为抵制征税。古代常有百姓被迫缴纳苛捐杂税的情况，所以民间也发生过很多抵制征税事件。其实税收这件事本来都应该是公平合理的。"

"据说在朝鲜时代末期抵制征税这种现象特别严重。那时候的百姓们为了缴纳国家各种强行增加的税款，到了连温饱都不能维持的地步。这强加的税得有多厉害，才会使得百姓纷纷对国家进行猛烈的反叛呢？如果征收的税款不合理，自然也就会引发出这样的抵制了。"

爸爸举了弘林和钱小妹的例子，然后笑出了声。

"我觉得税收这件事好像挺不好的。百姓辛勤工作赚来的钱就这么白白地被拿走了一些。如果我们不交税，生活岂不是可以过得更好啊。"钱小妹皱起了眉头。

妈妈也附和道："我觉得钱小妹说的有道理。"

听到妈妈夸自己，钱小妹更来劲了："我要努力学习，立志当税务部门的大官。如果我长大了当上大官，我就主张取消税收！"

出乎意料的是，爸爸批评了妈妈和钱小妹。

"努力学习，长大成为有用的人，是值得鼓励的。但是，你们要知道，任何人都不能随意取消税收。税收不是由某个人决定的，而是由全国人民代表大会决定的。而且税收对国家来说非常重要，是国家为人民服务的基础。

"税收可是国家维持生计所必需的资金的重要来源。"

"你是说国家'维持生计'？国家也需要维持生计吗？"钱小妹歪着头问。

　　"当然。就像妈妈用爸爸的工资维持全家的生计一样，国家也是同样需要拿钱维持生计的。这个钱就来自百姓缴纳的税款。"

"那是维持什么样的生计啊？"

"这个生计当然是为全体公民的。国家存在的意义正是为了让所有的公民都过上幸福的生活，所以国家征收的税款也理所当然地要公平地用在全体公民的身上。比如钱小妹和小伙伴们一起玩耍的游乐场，就是国家建立的，为了要让小朋友们更快乐、更茁壮地成长。你知道吗，不光只是这些，还有其他好多地方也是国家用税收来完成的。国家把征收回来的税款用来建造学校，让大伙儿能上学；国家用税收建造汽车行驶的公路；飞机的起飞降落离不开机场，而机场也是用税收建起来的。"

"机场也跟税收有关？"

"当然了。所以说，如果像钱小妹一样有取消税收想法的人多起来了，大家都不愿交税，那该怎么办？那时候可能就不会有公路了，我们只能步行去乡下的奶奶家，如果想去国外，我们也只能靠自己游过大海了。"

"唉，那太可怕了。去乡下怎么能不开车去啊？"

钱小妹听了爸爸的话叹了口气。

爸爸看着钱小妹，继续说："钱小妹，你听说过公共机构这个词吗？"

"啊，听说过。是为公民服务的机构吧？"

"是的。包括保护我们生命和财产安全的警察局和派出所，还有医院，以及帮助我们正常学习、生活的居委会、市政府、学校等。这些地方也是用我们缴纳的税款建造和运营的。在那里工作的公务员，国家需要给他们支付工资，用的也是我们缴纳的税款。不仅如此，在公共厕所、图书馆、博物馆、公园和文化遗址这些地方，其中大部分，也是用我们的税收来建造的。"

"国家靠税收办了那么多事啊？"钱小妹的眼睛瞪得圆圆地说。

"当然了。税收都花在了让人们生活得更美好、更幸福的事情上了。并且像保卫国家保护公民的国防费用、使公民接受良好教育的教育费用、发展经济的各种费用都是用税收支出的。建立社会福利设施同样也需要税收经费的投入。"

"这么说来，养老院和孤儿院也是用税收来开办的吧？"

"虽然我们不能说所有的这些机构都是用税收开办的，但大部分的确是靠税收来支撑运营的。这属于是社会保障制度的一部分。"

"什么是社会保障制度？"

"社会保障制度是国家为了帮助那些因贫穷、疾病、失业等因素而遭受痛苦的社会阶层而设立的制度。国家帮助贫困的弱势群体是理所当然的。而在社会保障制度发达的国家，社会实际会为无家可归的孤儿、无人照顾的老人、身体不便的残疾人、失去工作的失业者提供经济上的帮助。这是一项非常重要的工作，并且需要靠税收来实现。"

"如果知道国家是用税收来做这些好事，我觉得自己好像也能开开心心地缴税了。"

一直以来，钱小妹只要在大街或地铁上看到可怜兮兮乞讨的人，心里就会很难过。所以她的脑子里就产生过这样的念头：要是国家能伸手帮帮那些人就好了。

"国家越发达，社会保障制度就越完善。虽然我们国家在这方面做得还不尽如人意，但是我们正在努力完善我们的社会保障制度。"

"那么，社会保障制度所涵盖的种类应该很多吧？"

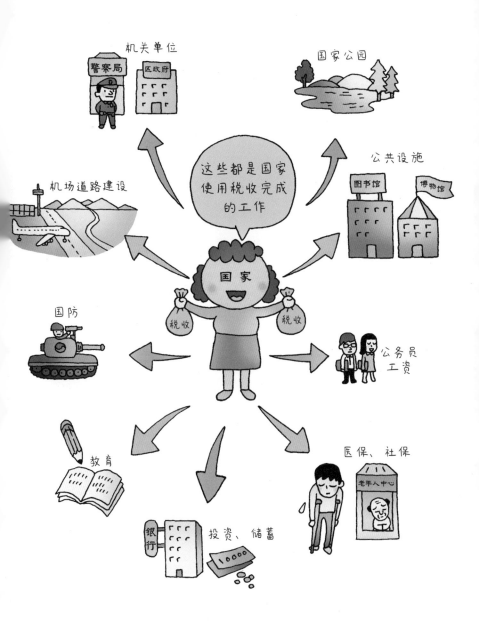

"是的。社会保障制度粗略地看，可以分为三大类，也就是社会保险、社会救济和社会福利服务。社会保险是这样的一种制度，它能帮助你应对生活中出现的各种困难。当你生病或受伤时、当你失去工作时、当你年老停止工作时，社会保险能为你的后续生活作兜底保障。它保括医疗保险、养老保险、工伤保险、失业保险，等等。社会救济是指国家直接提供帮助的制度，使穷人也能过上最起码的基本生活。根据这一制度，国家将向非常贫穷的人群提供必要的食物、生活和教育补助。"

"那社会福利呢？"

"就像我刚才说的，社会福利是国家为了老人、孤儿、残疾人等需要帮助的人群而兴办养老院、孤儿院、福利院等各类社会福利机构和设施并提供相应救助服务的制度。"

"哇！那要完成所有这些工作估计要花很多钱的呀……那么我们就应该征收足够的税款才行，对吧？"

听着钱小妹自己总结的话，爸爸点了点头。

"所以，虽然有些人会因为社会保障制度内容增多而不高兴，但社会保障制度是为所有的公民着想的，理所应当继续发展下去。"

爸爸干咳了一声，又接着说："这里我想强调的重点不是税收的多少，而是税收的正确使用。合理地征收税款，并且在适当的地方物尽其用地使用税款才是最主要的。不能因为国家用钱的地方很多就盲目地征税。如果是这样，公民就不会再愿意交税了。税收应该根据公民的收入情况来征收。如果向每月挣 10000 元的人和每月挣 3000 元的人征收相同数额的税款，那岂不是太不公平了？"

"没错。赚得多的就应该多交税，赚得少的应该少交点税。这样才是公平的。"

接着爸爸的话，妈妈在旁边补充道："另外按我说，靠投机取巧赚钱的人也要比努力工作赚钱的人应该多缴些税。这些人靠投机躺着就把大钱给挣了，而如果大家征收的税款还都一样的话，那以后谁还愿意勤勤恳恳地工作，努力赚钱然后老实缴税呢？"

"还有办法不工作，一边躺着一边还能赚钱的啊？"

"比如炒股啊、炒房啊。他们通过投机买卖股票和房子来获得利润。这不是正常工作所应得的报酬。就应该使劲对那批人征收更多的税。他们不仅对国家没有帮助，反而还会有害。"

爸爸点点头，说："国家现实的情况也在对那部分的公民组织征收更多的税款。就好像当人们继承其父母的财产时，他们就要缴纳相当多的税。但是有一件事和交税一样重要。那就是正确地使用税收。"

"同一句话来回说两遍那就是唠叨了。税收就应该用在真正需要用到的地方嘛。让我们想象一下，如果公民好不容易缴纳上来的税款被莫名其妙地挥霍掉了，那该有多冤枉呐，简直叫人都活不下去了！"

妈妈情绪激动地说："我们好好冷静下来。政府会看着办，把问题处理好的。"

"看着办？这话说得可真不负责任。公民不仅有纳税的义务，还有监督的权利！要留意税收是否被正确使用，并且还要把做得不好的地方指出来。这是国民的义务和权利！是不是这样，钱小妹？你说妈妈这说得对不对？"

"当然对了，就应该这样说啊！"

钱小妹一下子就和妈妈统一了阵线，爸爸顿时手足无措："哦，不是，我不是那个意思……"

妈妈瞥了爸爸一眼，打断了他的话："哎呀，说得我好热啊。我一提到税收就来劲儿。亲爱的，为了罚你刚才说错话，你去给我们买个冰激凌回来吧。"

"冰激凌？"

"是的。我必须为我的话负起责任来啊。"

"你这话是什么意思？你对你的话负责？"

"我刚才说了嘛，公民的权利是关注税收的使用情况，所以应该履行相应的义务。那就是纳税的义务了！冰激凌的价格中也包含了税[1]，买冰激凌吃的话不就是对国家的生计有所帮助了吗？"

"唉哟，你听听看这都哪儿跟哪儿啊！"听到妈妈的话，钱小妹和爸爸哈哈大笑起来。

---

1 韩国的消费税属于价外税，即你在买东西的时候会看到商品的原价，以及你需要付的税款，二者相加才是你需要付的钱，所以韩国人很熟悉消费税率。而中国的消费税属于价内税，税款已经包含在了商品的价格里面，不会单独显示出来，所以大众并不太留意。

经济放大镜

在哪里交税？

根据税收归属的主体划分，我们可以将税收分成国税和地税。国税是中央政府征收的税，用于整个国家的运行；地税是各地方省、市、自治区征收的税款，用于各地方的生计。

如何交税？

■直接税

直接税是由纳税者自己缴纳的税。所得税、财产税、赠与税、继承税等属于直接税。所得税是在人们获得收入时需要缴纳的税款。像小朋友的爸爸妈妈，他们在拿到工资的时候，会缴纳一定比例的税款，这个就是所得税。财产税是针对人们手上持有的房屋、不动产等财产所征收的税款。赠与税和继承税是从父母或其他人那里继承财产时所需要缴纳的税款。这种直接税的特点是，由财产或收入多少决定征收金额数量，也就是说对收入高的人多收，对收入低的人少收。它不是对每个人都一样征税，而是根据每个人的情况收取不同的税。这称为累进税，累进税使收入得到公平的重新分配。

■间接税

间接税是指纳税人能将税负转嫁给他人负担的税收。

我们买的东西的价格里面都有一定的税，那就是间接税。例如，当我们在买零食的时候，不知不觉就会上缴的那一部分税款。直接向国家缴税主体虽然是零食厂商，但是因为商品的价格中包含了一部分税款，所以实际上是由购买它的消费者来承担这部分税款费用的。这些间接税包括消费税、电话税[1]和附加增值税。对富人和穷人征收的间接税是一样的。直接税是累进税，而间接税不是累进税。从韩国的情况看，通过直接税和间接税征收的税款比重几乎相同。但是发达国家大部分间接税征收的比重更少一些，在30%～40%左右。也就是说，这些国家在间接税与直接税之间，更多地通过直接税来征收税款以维持国家的生计运行。这是因为按自己收入的比例纳税会显示出公平性。所以各国也应尽快提高直接税的比重，实现收入越多纳税越多的公平税收体制。

---

1 韩国电话税法是该国在1973年颁布并由国税厅负责征收的税收法律。税率：电话税的税率为10%；纳税环节：电话税在电话事业经营者领收电话使用费时征收。

第5章

有一份礼物
名叫土地

就在今天，天上也存在着许许多多的星星。

星星之间不会因为霸占天空中的位置而发生争吵，只会彼此和谐相处，共同构造出奇妙的星座。

地上也有无数的星星，但是这里的星星却没有地方可以停留。

有人独占土地，就有人被赶出这片土地。

土地是给所有人的礼物，

但我们现在却是如何使用它的？

这里没有我能停留的住处。
我想有个家，
一个不需要多大的地方……
这个愿望太大了吗？

珍惜宝贵的礼物 —— 土地

　　传说云神有个小儿子叫悠悠。他喜欢在云彩里跟太阳、月亮、星星等玩捉迷藏，玩累了就趴在柔软的云朵上俯瞰大地：春夏秋冬，大地变换着模样；岁月更替，大地也日新月异。随着年龄逐渐增长，悠悠对大地的好奇和向往日益增长。终于有一天，他决定来到人间，体验一次脚踏实地的感觉。于是，他告别了父母，做了一番准备，学会了变换人形，然后降落到了大地上。

　　悠悠刚来到人间，看什么都新奇，走到哪里都觉得新鲜。他不停歇地到处走，到处看，到处吃，到处玩。终于有一天，他感到有些疲惫了，决定找个地方歇歇脚。于是，他来到一个国家，停在了某个风景秀丽的村庄前。

"哎呀，我的腿呀！我的腿好疼啊。这里空气清新、景色宜人，我就在这里休息一阵子吧。"

悠悠环顾四周寻找可以歇脚的地方，他发现了一家院子，里面的草坪铺得很漂亮，于是他就走了进去。

"看得出来确实很用心，也很勤快。谁能把草坪种得这么漂亮啊？"

原来，这里是有钱人家的花园。这家人的院子真的非常大，大到什么地步呢？里面差不多能容纳5栋房子。院子里的草坪整齐干净、树木青翠葱茏、怪石嶙峋，一步一景，宛若仙境。悠悠沉浸在别致的景观中，边走边欣赏，不知不觉走到一棵造型奇特的树下，这里幽静阴凉。于是，悠悠便依靠着树干坐下来。

"我喜欢这里。我要在这里睡一觉。"

悠悠闭上双眼，渐渐进入梦乡。轻轻吹来的风，柔和得就像是轻盈的绸缎一样，好似为他盖上了薄被。

可是，刚睡着不一会儿，悠悠就被一个巨大的声音吵醒了。他睁开眼，看见面前站着一个凶巴巴的男人，正扯着嗓子大喊大叫。

"你是谁啊？知道这是什么地方吗？谁允许你在这里睡觉的？你还不快点给我起来！快起来！"

悠悠吓了一跳，一时不知所措，连话也说不出来，只是呆呆地盯着那个人的脸。

"你看什么看？你听不懂我说的话吗？你该不会是小偷吧？"

听到自己被当成小偷，悠悠特别震惊。他立即从地上跳了起来。

"小、小、小、小……偷！你竟敢说我是小偷？！我可是神仙，你不跪拜就算了，还敢骂我！看我……"悠悠突然想起来，他不能在人间使用法术，否则就会立即回到天上，无法继续留在大地上。他只能闭口不言。

"我看你是还没睡醒，还在说梦话呢！你要是神仙，我就是玉皇大帝！哈哈哈哈……"那人嘲笑之余不忘威胁，"你还不快滚蛋？等我叫来保安，有你好果子吃！"

悠悠不想把事情闹大，只得快步离开，走出大门。就在这时，一辆又大又漂亮的汽车，从悠悠身边经过，径直驶入了他刚刚被赶出来的那座院子。

"在汽车里坐着的一定是这里的主人。"悠悠好奇这

院子的主人到底是什么样的人，于是他小心翼翼地躲在栅栏外看。之前对悠悠凶巴巴男人殷勤地打开了汽车的门，车里走出来一位高大的中年男人，头发好像抹了油，很有光泽。因为离得太远，无法看清长相。

这时，悠悠不由自主地打起了哈欠，他一边转身离开，一边嘟囔着："哎！就是因为那个可恶的人，失去了一个睡觉的好地方。太困了，我该到哪里睡觉呀？"

悠悠在附近转了一圈也没有找到适合睡觉的地方。

"我可不能睡在马路上。对了！前面那座山里应该可以找到睡觉的地方。"悠悠打起精神向村子的后山走去。到了后山，悠悠在上山的路上走了没一会儿就看到一个奇怪的牌子挡住了去路。

悠悠大吃一惊，"天哪！怎么这样啊！原来这里也有主人啊？又找错了地方，这可让我怎么睡觉呀。"

悠悠一边叹着气一边往山下走，正好碰见一位老人。悠悠开口问："老人家，请问这座山是不是有主人啊？"

"当然，这座山是有主人。土地有主人一点儿都不奇怪。不过，如果一个人独占一整片土地，就有问题了！"

"老人家，您这话是什么意思？"

"有人因为拥有了大量的土地而过上了奢侈无度的生活，而有人却因为失去了土地而流浪街头、饥肠辘辘。"

悠悠没有明白老人的话。疑惑地说："我怎么听不懂你在说些什么呀？"

"年轻人，你不读书吗？这么简单的话都听不明白。我问你，人们是不是要有土地才能种粮食、养家畜？"

"是的。"

"人们是不是要有土地才能盖房子、建工厂、修路、修桥？"

"这话一点儿错都没有。没有土地就没有一切。人类的生活、生产都离不开土地。"

私人牧场禁止入内

未经允许请勿进入，否则后果自负！

"可是，现在这片土地被少数几个人霸占了，别人还能在哪里盖房子？公司还能在哪里建工厂？农民又能在哪里种地生活啊？"

"您是说这里所有的土地都是归一个人所有的吗？"

"可不是嘛，不光是这座山，就连那边的田地，还有山下的这块儿地方，都归这个人所有。"

悠悠顿时瞪大了眼睛。

"这么大的土地竟然被一个人独占了！"悠悠想知道土地的主人，"那这片土地是谁的？"

"你过来的时候没看见吗？这片地的主人就住在马路边大房子里。"老人指着刚才悠悠被赶出来的那个大院子说。

"几年前的一天，这个人来到了村子里，不久在这里站稳了脚跟，紧接着就把整个村子的土地全部低价买了下来。"

"啊？这人为什么要买下这么多土地呢？"

"我就说你不读书吧！这还不明显吗？他就是要囤积居奇，炒地炒房，赚大钱！"

"炒地？炒房？"悠悠从来没听说过这些词。

"人们认为土地也是一种赚钱的方式。人们会在价格低的时候把土地买下来，然后经过开发等运作后，抬高价格再卖出去，从而获得高额的回报。"

如果买下的土地周围出现了地铁站、学校、购物中心等设施，或者有人把这片土地开发成旅游景点，人们会认为地价将大幅上涨。那样的话，之前拥有那块土地的人就能坐享其成了。所以，像我们这样拼命工作也才勉强糊口的人，哪里还有好日子过呢？"

老人无奈地叹了一口气，又继续说："听说那栋大房子的主人在其他地方还有很多土地。听说他在首都也有两栋大楼。现在村子里的大房子是他的别墅，只有假期和特殊的日子，比如今天，他才会来，其他的时候院子和房子都是闲置的，这不就是把好好的土地闲置、浪费了吗？"

"今天是什么特殊的日子？"

"今天是他父亲的祭日。你往那边看。"

老人伸出食指，向山上指去。原来悠悠刚才爬过的那座山的旁边还有一座小山。那里有一个巨大的坟墓，修建地非常豪华。

"那里就是他父母的墓地了。这也太大了吧？真是浪费啊！他把这整个村子里所有的地统统买下来之后，把自己父母的坟墓都搬了过来，还硬生生把它弄得那么大。"

"不对劲，一个坟墓何必要搞得那么大……"

"谁说不是呢？连活人的地都不够了，死人却占据了那么多的土地。害得那么多人流离失所，他死去的父母能安心躺在坟墓里吗？"

听到老人的话，悠悠点了点头。

但即便是这样，在某个角落，
一定还有人爱惜着这片土地，
并且会用心把它打理得美丽富饶。

"土地如果都由一个人独占的话，那会招来很多危害。土地是有价值的，当众人都拥有了他们所需要的那一份土地后，合理开发使用，土地的价值才真正体现出来。那座后山也是一样的，一个人独占着，荒废在那里不管，浪费资源……"

　　"荒废不管？那不是牧场吗？"悠悠想起了刚才上山时看到的那块拦路的牌子。

　　"那个牌子？假的！假的！那里本来是为了建高尔夫球场而买下的，但是，因为环境保护的问题，政府不允许建，还说要进一步调查相关的房地产投机行为，所以他不得不假扮牧场，想蒙混过关。他根本不住在这个村子里，却假装长期在这个村子里经营着牧场，你说像话吗？我想政府是不会不管的。不过，建牧场总比建起高尔夫球场好多了，对生态环境的影响要小得多。高尔夫球场要是建成了，这里的溪流、土壤都会被农药、杀虫剂污染。"

　　老人又讲了一大堆关于土地的事情。悠悠听着老人所说的故事，心里不由对生活在地上的人类大失所望。在天空中俯看下来，这片土地原本是多么美丽的啊，但现在却被人类的欲望玷污了。如果再这样下去，不久之后大地就有可能变成如同地狱一般的世界，连一丁点儿美丽的影子都会不复存在了。

　　悠悠渴望能遇到一群真正爱护土地，为了所有人能更好地生活下去而认真管理土地的人。因为只有这样的人多起来了，土地才不会在岁月中丢失它原本的美丽。所以悠悠决定走遍世界每一片土地，直到找到一个能让土地变得美丽富饶的人。

经济放大镜

土地对我们有什么意义?

土地是人类生存所必需的自然环境。

土地对人类来说是一个巨大的礼物。因此,土地必须为所有人所共同利用。但有些人却只把它当成赚钱的工具。所以他们会以低价把土地买下来,等地价涨了再以高价卖掉,从中牟取巨大的利益。这就是房地产投机,也就是我们所说的炒房、炒地皮。对土地的贪婪最终也就是对金钱的贪婪。正是因为这些人,现在国家的大部分土地都被少数有钱人所拥有了,土地价格也随之飙升。房地产投机和过度占有土地都严重危害着国家经济的健康发展和人民生活的正常运行。

国家制定土地法的意义?

为了全体公民的利益,国家会制定法律规范来调整土地所有、占有、经营、使用、保护、管理中所发生的各种社会经济关系。

《中华人民共和国土地管理法》于 1986 年 6 月 25 日颁布。它确立的以土地公有制为基础、耕地保护为目标、用途管制为核心的土地管理基本制度,总体上是符合我国国情的,实施以来,为保护耕地,维护农民土地权益,保障工业化、城镇化快速发展发挥了重要作用。

土地问题对我们的社会有什么影响？

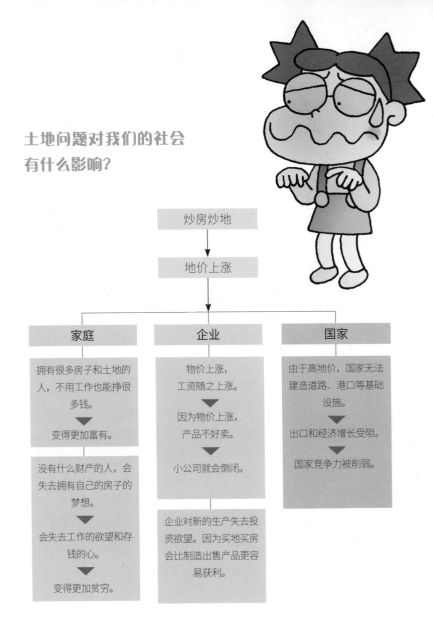

炒房炒地

↓

地价上涨

家庭	企业	国家
拥有很多房子和土地的人，不用工作也能挣很多钱。 ▼ 变得更加富有。	物价上涨，工资随之上涨。 ▼ 因为物价上涨，产品不好卖。	由于高地价，国家无法建造道路、港口等基础设施。 ▼ 出口和经济增长受阻。
没有什么财产的人，会失去拥有自己的房子的梦想。 ▼ 会失去工作的欲望和存钱的心。 ▼ 变得更加贫穷。	▼ 小公司就会倒闭。 ▼ 企业对新的生产失去投资欲望。因为买地买房会比制造出售产品更容易获利。	国家竞争力被削弱。

第6章

斯是陋室，
唯吾德馨！

"金窝银窝不如自家草窝"，无论家是多么简陋，世界上也没有别的地方能比得上它！

家是我们生活、休憩的地方。但是也有很多人没有家。寄居蟹有自己的家，蜗牛有自己的家，田螺也有自己的家，就连小狗都有自己的狗窝。可是不知道怎么搞的，有些人就是没有家，总是过着搬家的生活。为什么人们会把行李打开放下而又无奈收拾继续背起？

安家和置业，这是个问题！

那天晚饭当然就是煎恐龙肉排。
对了，"家"对我们来说究竟
意味着什么呢？

寄居蟹之梦

午饭时间到了，钱小妹、乐雅和媛媛一起吃午饭。

"钱小妹，你还不知道吧？媛媛家买了新房子！"

钱小妹一愣："买房子？"

媛媛一边嚼着饭，一边嘟嘟囔囔地说："嗯。妈妈说她在开发区又买了一套公寓。"

钱小妹吓了一跳，连忙问："哎呀，那就是说你要搬走了？"

"搬什么呀。听妈妈说这房子是用来当出租房的。"

"出租房？什么是出租房？"

"连出租房都不知道！简单来说就是把房子出租给

别人。"乐雅带着得意的表情说。

"把房子租给别人？"

"是的。出租房就是把房子租出去一段时间，然后收取租金作为回报。我们家过去也是租别人的房子住的。"

"那么媛媛家现在就有两套房子了。"

"哪里就两套呀？媛媛家在乡下还有一套房子，所以总共是三套。媛媛，我说得对吧？"

媛媛耸耸肩，又点点头。

乐雅对钱小妹努了努嘴说："你看民川，从早上开始，他就一副垂头丧气的样子，一点精神都没有。钱小妹，你知道民川为什么这样吗？"

"嗯……好像是哦。我也不知道他怎么了。"

民川不想吃饭，就像有什么重大心事似的呆呆地坐在餐桌前，一动不动。

从前几天开始，民川就一直显得无精打采。钱小妹回想起来，觉得这段时间自己对小伙伴有点疏忽了，突然感到很内疚。放学时，民川没跟同学和老师打招呼就走了。在回家的路上，钱小妹追上了民川。

"民川，和我聊聊吧？"

民川沮丧地说："聊什么？"

"嗯，我们到这儿来。"

钱小妹带着民川到操场旁边的树荫底下，找了个长椅坐下。

"你有什么烦恼吧？"

"我能有什么烦恼啊。"

民川不再说话，只是低着头。

"我们不是好朋友吗？好朋友之间不就应该互相帮助吗？无论谁遇到困难都要说出来，然后大家一起想办法解决。快说说看，你到底有什么烦恼啊。如果你不说的话，以后我可就不和你玩了！"

"也不用等到以后了，现在我就不能跟你玩了。"

"你说什么呀？这话是什么意思，什么叫'不能跟我玩了'"钱小妹吓了一跳，看着民川。

"我过一段时间就要转学了。"

"转学？"

"嗯。我家要搬到很远的地方去。"

"去哪儿？为什么？"

可能是情绪太激动了，钱小妹的声音微微颤抖起来。

"房东让我们滚出去。"

"房东让你们滚出去？这是怎么回事？"

"几个月前我妈妈就生病了，然后一直没交房租。"

"不是说现在你妈妈身体都好了吗？"

"嗯。所以想要重新回去工作，补交房租……"

"然后呢？"

"然后，房东就要涨房租。如果我们不同意，他就让我们马上滚出去。虽然我妈妈一再求他，但是房东还是不肯让步。"

钱小妹对民川的苦恼还没有办法感同身受。她家有自己的房子，从来没有为房租担心过。

民川的家在学校后山的棚户区里。说是民川的家，但实际上房子不属于民川家。民川一家没有那么多钱买房子，所以他们只能每月交房租，租房子住。

租来的房子很小也很简陋，就是一间房间配上一个小厨房。在那里，民川和两个弟弟还有妈妈一起生活。民川十岁那年，爸爸在工地上因事故去世了。民川的妈妈在某高级写字楼当清洁工。

清洁工的工资不高，除去每月房租和吃饭穿衣、买学习用品的费用，就剩不下什么钱了。虽然民川也勤工俭学，但是他赚得钱太少，解决不了什么问题。如果想买房子，那基本上是不太可能实现的。更何况几个月前，民川的妈妈生了病不能再出去工作，不仅全家没了收入，还要把仅有的积蓄花在药费上。值得庆幸的是，民川妈妈的病最后痊愈了。但是民川妈妈也丢掉了原来的工作，还欠了一部分房租。

"妈妈说在大城市生存太难了，还不如一起到乡下去。她说这里房价高、物价高，像我们这样的穷人住不起。但是我喜欢这儿。"

民川的眼眶慢慢红了。钱小妹想要安慰一下民川，却一时不知道应该说些什么。

"我希望能有一个家。只要有一个属于自己的家，就不用到处搬家，也不用离开这儿了。我不想和你们这些好朋友分开……"民川眼睛里含着泪水。

钱小妹听得心里酸酸的。她一想到要和民川分别，就伤心得直掉泪。

"民川，你不要去乡下啊！留在这里和我们一起吧。我去告诉媛媛，媛媛家有很多房子，她能帮上忙的。啊，对啦！你租下她家的房子，住在她那里就行了。媛媛的妈妈买了新房子，说要租给别人。请她帮忙把房子租给你们一家，怎么样？她肯定不会随便涨房租赶你们出去的！"

钱小妹想起媛媛家买了新房子，突然精神了起来。因为她觉得只要民川租媛媛家的房子，就可以不回乡下，自己也不用和民川分开了。

"不过，媛媛家的新房子离这里挺远的……"

钱小妹一想到媛媛家新买的房子在离这里很远的开发区，马上又陷入了苦恼之中。

"而且现在租金很贵啊，尤其是像媛媛家这样的公寓。妈妈说如果想租这种公寓，要攒好几年的钱。可现在我家里一点积蓄都没有了。"

钱小妹听到民川的话，感到更加沮丧。

"那该怎么办……"

民川翻了翻包，掏出了什么东西递给钱小妹。

是一个寄居蟹玩偶。

"哎呀，这不是寄居蟹吗？"

"你拿着吧。这是给你的礼物。"

几天前，钱小妹在学校门口看到有人卖寄居蟹的玩偶，非常想要，但是没有舍得买。民川注意到了并且暗

机灵一

机灵一

机灵一

暗记在心里，后来他攒够了钱终于买了下来。钱小妹从民川手中接过寄居蟹玩偶，把它放在了地上，裹着壳的寄居蟹在地上慢腾腾地爬了起来。

"好神奇！嘻嘻，寄居蟹把家扛在身上竟然不觉得重。"

"只要那是自己的家，再怎么扛也不会觉得重。"

民川和钱小妹一直在学校后山玩着寄居蟹玩偶，直到晚霞染红了整个天际，才各自回了家。

钱小妹在家门口碰到了舅舅。和往常不同，舅舅的脸色非常阴沉。走进屋里，她看到爸爸妈妈的表情也和舅舅一样阴郁。

钱小妹悄悄地去问正在做作业的钱小弟："今天，大家的脸色为什么都那么难看呀？"

"舅舅要被赶出家门了。"

"舅舅被赶出家门？怎么回事！为什么啊？"

"我不知道，你去问问妈妈。我现在要写作业，请你出去。"

"哼，你什么时候开始这么积极写作业了。"

钱小妹从钱小弟的房间里出来，走到爸爸身边，轻轻询问道："爸爸，舅舅家怎么了？"

"你问这些干吗，赶紧学习去。"妈妈在一旁冷冷地说。

"为什么我就不能问啊？"

"没事，爸爸告诉你。这件事，你也应该了解一下。"

爸爸给妈妈递了个眼色，然后说："舅舅是为了住房的事情才来的。"

"住房的事情？"

"是的。我们现在待的地方是哪里啊？"

"我们的房子呀。"

"如果我们没有住房，那钱小妹和爸爸该住在哪里？"

"那……我们怎么会没有住房？每个人都有自己住的地方呀。"

"对呀，就是这样的。对于一个追求稳定的幸福家庭来说，拥有自己的房子是很重要的。因为在大部分人心中，没有住房就意味着居无定所，甚至只能以天为盖以地为庐，整日风吹日晒。比如我们家就很需要住房，不然你和钱小弟即使放学了，也无处可去。当然，这也并不是绝对的，因为还有人会认为固定住所并不重要，四处旅行享受生活更重要。但现在，舅舅是需要住房的那一部分人。"

"舅舅不是有住房吗？"

"那不是你舅舅的房子。舅舅一直租住在别人的房子里。"

"啊？原来舅舅一直在租房啊！"

"咦，钱小妹怎么会知道租房这件事的呢？"

于是，钱小妹就讲了媛媛家和民川家的故事。

"原来是这样。世界上有些人就像媛媛家一样会拥有好几套房子，但是也有很多人因为没有房子而过着漂泊不定的生活。这些没有住房的人会因为实际需求向有房子的人租房。多数情况下，在签订租房合同时，租户除了支付房租还要交一部分钱当作押金。如果租户退房的时候一切遵循合约，并且房子没有任何损坏，出租人会将押金还给租户。"

妈妈在旁边补充道："其实租房还分长租和短租，长租可以以年为单位，对于租房子的人来说，租金比较稳定；短租可以租一个月或者几个月，对于短时间想要租房的人比较方便，形式灵活。"

"那舅舅是属于哪种呢？他为什么担心没有住房？"

"舅舅是属于长租，但他和房东签订的租房合同的期限满了，需要重新签订合同。然而，这时房东要求提高房子的租金。"

"要提高多少呢？"

当钱小妹从爸爸那里听到钱的数目时，她吓了一跳。这是她从来没想过的一大笔钱。

"房价怎么涨这么多？"

"房价也像其他物价一样，随着时间的流逝会逐渐上涨。比如土地价格上涨；建造房屋所需要的钢筋、水泥等材料费用上涨；需要房屋的人增多，但可供出租的房子减少……这些情况都会令房价上涨。房价上涨时，出租房的租金价格也随之上涨。"

"即便如此，房价上涨那么多，没钱的人怎么办？"

"因为出现了这样的问题，国家也在考虑怎么办。

为了解决房子的问题，就建造更多的房子，把国家建造的房子以低价租给买不起房子的穷人。但到目前为止，还不是每个人都能享受到这样的福利。"

钱小妹听完爸爸的话，心里产生了一个愿望，她希望有一天世界上所有的人都不用为房子发愁，她也希望这样的一天能早点到来。

那天晚上，钱小妹梦见了民川。民川身后背着一个大大的海螺壳，咧着嘴笑。

"看看，漂亮吧？这是我们的家。现在我要和妈

妈，还有弟弟们一起在这所房子生活下去了，将来我们会非常非常幸福的！我是这个房子的主人，不用再看房东的脸色，房子也不会被别人抬价。我们可以随心所欲地去房子里的任何地方。嘻嘻！也许世界上没有比我家更好的地方了。有时间我一定邀请你来我家玩啊！"

住房对我们有什么意义？

与农村相比，韩国的城市人口非常多。特别是首尔和釜山这样的大城市居住着大规模的人口，在这里生活的人口数字足以让世界震惊。因此，城市的住房问题一直都非常严重。与买房的需求相比，售房的供给又太少，所以房价一直往上窜，涨价的态势怕是要把天捅破了。此外，房屋还经常被用作是增加财富的投资手段。以低价买房，以高价卖出，从中获取利益。住房对于一个人来说，能使他过上像样的生活，也是他组建幸福家庭时的刚需。虽然家犹如水和空气一样珍贵，但世界上有很多人因为没有住房而过着不稳定的生活。

住房方面的福利措施

住房一直是各国政府共同关注的问题，为了提高本国人民居住水平，很多国家出台了相关政策帮助居民在一定程度上解决住房问题。在中国也有多种形式帮助买不起房的人解决居住问题，比如公租房、廉租房。

公租房，即公共租赁房，是政府出资建筑，用低于市场价或者承租者承受得起的价格，向外来打工者、低收入人群、毕业大学生等社会群体出租；廉租房，是指政府以租金补贴或实物配租的方式，向符合城镇居民最低生活保障标准且住房困难的家庭提供社会保障性质的住房。廉租房的分配形式以租金补贴为主，实物配租和租金减免为辅。

什么是租赁住房？

住房是个人生活的基本空间。但想要过上舒适安逸的生活，并不一定要花大价钱购买住房。

你可以住在租赁住房里。租赁住房是以低价出租房子，让没有住房的人过上更稳定生活的居住解决方案。

韩国人购买房子的理由中，不仅有居住的刚性需求，还有通过房子来增加财产的投资需求。因此，房价也就会大幅波动。如果有更多的出租房或公租房出现，每个人都能安居乐业，房价自然就会稳定下来。

为了解决严重的住房问题，虽然也有必要建造更多的房子，但同时社会也需要更多便宜且方便的租赁住房。

第7章

世界经济因贸易而相通

国际贸易也称通商，是指跨越国境的贸品和服务交易，一般由进口贸易和出口贸易所组成。因此也可称为进出口贸易。国际贸易也叫世界贸易。进出口贸易可以调节国内生产要素的利用率，改善国际间的供求关系，调整经济结构，增加财政收入等。

全世界通过贸易，形成了互通有无的整体。

勤快国变富强的秘诀是什么？

　　从前有个勤快国。在勤快国生活的百姓都机智勤劳，并且努力工作。然而，由于天公不作美，勤快国土地干燥，经常滴雨不下，所以国家不能收获足够的果实或谷物来养活自己的人民。同时这里的地下矿产资源也不丰富，所以百姓一直都过着贫穷的生活。

　　勤快大王是勤快国里最聪明的人，受到百姓们的尊敬。勤快大王几乎把所有的时间都花在思考如何使自己的国家变得富强这件事上。

　　有一天，勤快大王微服私访，在街上看到两个孩子发生争吵。

"你为什么这么厚颜无耻？我不就因为口渴，问你要一点牛奶吗？至于这么小气吗？"

"厚颜无耻的是谁？刚才我饿了问你要面包的时候，你给我了吗？"

"你这个笨蛋。我的面包为什么要分给你？"

"那我为什么要把我的牛奶分给你？"

两个孩子最后为了抢夺对方的食物，互相推搡着身体扭打了起来。原本在一边暗中观察的勤快大王忍不住上前拉开了他们，劝完架之后他又让两个孩子分别坐在自己的两边，说："孩子们，你们两个人各自手上都有足够的食物，对吧？所以，不要争吵，把你们拥有的东西分给彼此，不就好了么。这样你们就可以同时得到面包和牛奶了，也不用打架了，是不是啊？"

按照国王的办法，两个孩子都得到了半个面包、半杯牛奶，心满意足，然后愉快地回家了。勤快大王也很欣慰，正准备回宫的时候，他的脑子里忽然想到了一个好主意。

"那两个孩子各自把他们自己手上富余的东西分享出来，然后他们又从对方身上拿到了自己缺少的东西。

"其实我们的国家也可以像这两个小孩子一样，把我们优秀的东西卖出去，同时把我们不足的东西从其他国家买进来就可以了。啊！我为什么一直以来只想在自己国家内部解决所有的问题呢？我的脑子为什么那么不开窍！"

勤快大王急忙回到宫殿，叫来了大臣。

"我要交给你一个非常重要的任务。"

"请问陛下这个重要的任务是什么？"

"你马上从我们国家出发，去好好调查一下周围的这些国家，详细掌握这些国家的环境和生活面貌，然后把这些情报原原本本地报告给我。

"好的。我一定不辱使命。"

大臣遵照国王的命令，出访了周围各国，并对那些国家进行了深入的调查和了解，然后回到了勤快国。勤快大王热情地迎接了大臣，等着听取他的报告。

"大王啊，我之前以为世界上只有我们国家是最倒霉的，但当我环顾其他国家时，发现还有很多国家和我们一样不那么幸运。只是在这些国家里，有些国家是身在福中不知福。"

"是吗？你能说得更详细一些吗？"

"我第一个去访问的国家是磨蹭国。那个国家是受大自然恩赐的国家。一年四季到处都有诱人的果实，气候也非常好。但他们没有足够的智慧和劳力来开发利用这些优势。

"我到访的第二个国家是憨憨国。那个国家虽然资源丰富，但人们不懂得学习技术，只会埋头苦干，所以他们虽然汗流浃背地努力干活，但到头来收获的却很少，依然过着贫穷的生活。我最后到达的国家是凄凉国。那里的自然环境比我们国家还差，正遭受着严重的贫困。但他们有一种非常宝贵的资源，就是他们的山上有很多的铁矿。"

国王听了大臣的话，仔细想了想，马上就下达了一个命令：

"十天后我们国家将举行盛大的宴会。邀请磨蹭国、憨憨国、凄凉国的三个国王来我们国家赴宴。"

很多大臣不明白国王用意，便在背后窃窃私语，议论纷纷。

"不是我说，我们这一天勉强才能吃上一顿饭，怎么有闲钱来举办宴席呢？"

"谁说不是啊？国王这是不打算过了吗？"

虽然大臣们不情不愿，但又不敢违抗国王的命令，还是老老实实地置办食物，装饰宫殿，准备宴会。就这样过了十天，邻国的大王们聚在一起举办宴会的大日子到了。

第一个到达的是磨蹭国的磨蹭大王。磨蹭国是离勤快国最近的国家。但磨蹭大王却是一个非常懒的人，所以他开始很不情愿到勤快国来。要不是送请帖的使臣好说歹说，他才不会来呢。所以磨蹭大王一来就很不耐烦，总想找茬。

"啊，我说在一个连吃的东西都没有的国家里，竟然还有人打肿脸充胖子大张旗鼓地张罗宴会！这不是天大的笑话吗？"

勤快大王不管磨蹭大王怎么挖苦他，他都以礼貌相待。

"正如您所说，我们是一个贫穷的国家。所以，虽然没有准备特别好的饭菜，但我们还是会竭尽所能精心招待，就请您也好好享用吧。我们来这不仅仅是为了吃喝玩乐，更重要的是为了将来我们两国之间能实现美好的合作。"

第二个到达的是凄凉国的凄凉大王。凄凉国离勤快国最远。但是，凄凉大王却十分期待宴会的食物，不辞辛苦地大老远跑来了。凄凉国的凄凉大王一到就看到宴会上布置好的食物，露出了非常羡慕的表情："如果我们国家也能生产这样的粮食和蔬菜，那该多好啊？我真的非常羡慕您的这个地方。"

"您不必羡慕我。现在凄凉国也能解决贫穷和饥饿，我邀请您来这里就是为了商量这件事。"

憨憨国的憨憨大王是最后一个到达的。憨憨大王虽然出发很早，但不认识路，所以迷迷糊糊地在路上折腾了很久。

"谢谢您的邀请。但我不能在这里待太久，我还有一大堆事情要回去做。"

"非常感谢您在百忙之中光临敝国。真的像我听到的一样，您真的是太勤于公务了。但我一定会让您觉得今天不虚此行。"

四个国家的大王聚在一起，一边吃着勤快国为他们准备的美食，一边聊着天。

勤快大王站起来说："大伙儿远道而来，都辛苦了。我邀请各位来这里是因为我有一个伟大的计划，想和大家分享。作为勤快国的国王，我为了让百姓能过上好日子而常常苦恼不已。由于各种条件的限制，并且遇到很多的困难，所以一直以来我都想找到一个有效的解决办法。皇天不负有心人，终于让我想到了一个很好的方法，所以我想邀请大家一起来讨论一下。

"首先，让我来谈谈我们国家的情况。我们国家的百姓比任何人都勤劳和智慧。但是因为恶劣的自然环境，农产品无法很好地生长。更不用多说资源匮乏的事情了，大家都知道的。但有的国家刚好拥有我们所缺乏的东西。就是聚集在这里的几个国家。我们国家需要磨蹭国和憨憨国的自然环境资源，还有凄凉国的铁。"

"那么，你是想跟我们讨要你们国家所缺乏的东西吗？"磨蹭大王气红了脸说。

"可以这么说。但我绝不会白要。我想跟大家提议的是用交换的方式来实现。"

憨憨大王追问道："那你是想用什么交换什么？既

不能用自然环境资源交换，又不能用粮食交换，我们的农产品还不够让我们的百姓吃的。"

"听说憨憨国有着良好的自然环境，但是不知道如何利用好它，即使再辛勤耕作也只能收获那么一点点粮食。而我可以把我们国家的农业技术输出给你们用，让你们能粮食大丰收。"

"您怎么保证会让我们得到丰收？"

"我们有世代相传的种植技术，这个您不用担心。一定会帮助你们将粮食产量提高两倍还多，而我们只需要您答应分给我们一半的收入。"

憨憨大王刚开始有些不情愿，但最终还是答应了，因为他参观了勤快国的农业基地，对勤快国的农业技术很有信心。

"那你打算和我们国家交换什么？"凄凉大王问道。

"凄凉国可以给我们铁，我们给凄凉国粮食。"

"你拿铁干什么？"

"您就只管交给我们吧。你们只需要把铁矿挖出来，然后交给我们国家。"

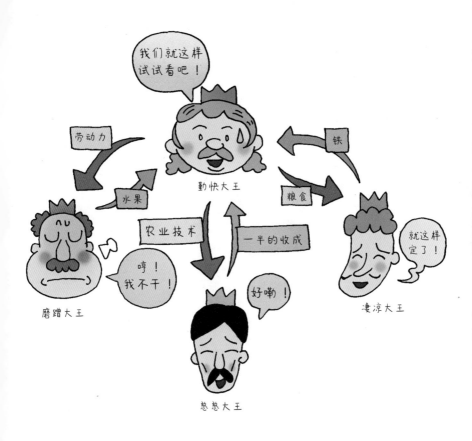

　　凄凉大王为了获得更多粮食，就答应了勤快大王的提议。但是磨蹭大王好像对大家的谈话不太感兴趣。勤快大王对磨蹭大王说："我知道，磨蹭国的土地肥沃，农产品很丰富，但经常因人力不够不能及时收获而使果实烂在土里。所以，我国会派人帮你们国家采摘成熟的果实，而作为回报，请把一部分果实分给我国。"

"喂喂喂，你可要认清楚，我们是一个富有的国家。才不像你们一样什么都缺！即使什么也不干，就这么待着也能养活自己，为啥一定要跟你们合作啊？我们的国家是上天赐予的天堂，所以不需要参与你们之间的交换。"

磨蹭大王十分得意地晃动着脑袋，退出了合作。

就这样，除了磨蹭国之外，其他三个国家开始交换各自的资源。勤快国他们从凄凉国得到了铁，制造了精良的农用机器可以高效地耕种，然后又去了憨憨国，教他们如何使用这些机器和耕种技术。

有了精良的机器和成熟的农耕技术，憨憨国真的像勤快国之前所说，粮食取得了大丰收。粮食产量竟然提高了十倍。按照约定，勤快国得到了当年收获的一半农产品。其中一半分给了自己的百姓，另一半给了凄凉国。

随着时间的流逝，这三个国家飞速发展，人民都过上了富裕而悠闲的生活。憨憨国把名字改为努力国，百姓比以前过得更充实也更起劲了。

凄凉国也不再凄凉地饿肚子，可以幸福地生活了。国家名称也改成了饱足国。

有一年冬天，磨蹭国遇到了极端天气。一般情况下，冬季持续三个多月就结束了，而在那一年，冬季持续了五个月。因此，果树和庄稼都冻死了。造成了史无前例的灾祸，没有任何防备的磨蹭国连吃的东西都没有，百姓饿得面黄肌瘦。

磨蹭大王走投无路，向勤快国发出了救援的请求。

"当初如果听了你的话，多储存一些粮食，这时候就可以派上用场了，我真后悔。你现在还能把食物分给我们一些吗？"

磨蹭大王深刻地反省了自己的错误。勤快大王可怜磨蹭国的百姓，慷慨地分给他们粮食并对磨蹭大王说道："请先用这个来度过今年的危机吧。但这也不是免费赠送的。当冬去春来的时候，你要把你们国家的果实分给我们。国家之间的一切交换都应该公平地进行。"

这样，磨蹭国的百姓在勤快国的帮助下摆脱了危机。第二年春天开始，磨蹭国也与其他国家建立了贸易关系，并开始互相帮助。

从此，四个国家互相交换着他们所需要的东西，共同发展成为富强幸福的国家。

经济放大镜

什么是国际贸易？

国际贸易是指国家和国家之间进行的商品买卖交易。有时候是因为一个国家需要从另一个国家购买自己国家没有的东西，有时候是因为从他国购买比自己国家制造更便宜，有时候是一个国家想把自己的东西卖给其他国家，国家之间就形成了贸易。

国际贸易是如何实现的？

国际贸易由进口和出口组成。进口是从其他国家购入商品，出口是指向其他国家出售商品。国际贸易促进国家之间的合作和交流，而国家之间也会进行贸易竞争。

出口获得的营利和进口支出的成本，它们之间的差被称为贸易收支。如果是出口获得的利润更多，贸易收支就是国际贸易黑字（顺差）；如果是进口支出的成本更多，贸易收支就会出现国际贸易赤字（逆差）。

国家限制贸易的动机是什么？

每个国家都想通过大量出口获得利益。特别是像韩国这样的国家，主要是通过贸易来发展国家经济，他们在出口上会倾注很多力气，但是在进口上却没有那么积极。

如果某种商品是从其他国家大量进口，那么本国的商品可能就无法销售，国内产业就无法发展。我们用的铅笔和圆珠笔就是这样的情况。如果外国产品比我们国家制造的产品更便宜，质量更好，那么大部分人就会购买和使用外国的产品。如果这样，本国的文具制造公司就会倒闭。越是竞争力低下的商品这种现象就越严重。

所以有些国家为了保护自己国家的产业而选择限制进口，这种行为就叫作贸易保护。贸易保护主要在商品竞争力落后的国家进行。

与贸易保护相反，不设任何限制，进口和出口自由，这叫自由贸易。自由贸易是一种对技术和商品竞争力强的国家有利的贸易方式。当今世界正朝着自由贸易的方向发展。这是一个跨越国界，所有的公司都能以更优质、更便宜的商品展开自由竞争的时代。